KB083349

Перельман Яков Исидорович

ЗАНИМАТЕЛЬНЫЕ ЗАДАЧИ И ОПЫТЫ

재미있는

수학탐험

야콥 펠레리만 · 제임스 F. 픽스 · J. A. 헌터

홍영의 / 엮음

「수학은 골치아픈 것」에서 「수학은 재미있고 추리 소설처럼 흥미진진한 것」이라는 사실을 본격적으로 일깨워 주는 유니크한 발상, 자유분방한 사고, 번뜩이는 기지가 충만해 있다, 미지의 세계의 신비를 벗겨 나가는 탐험가와도 같이 우리 모두 수학탐험 여행을 떠나자!

해결의 실마리를 이끌어내는 능력을 키움으로써, 단지 입시만을 위한 수학이 아닌, 창조적인 사고로 오늘의 급변하는 시대를 살아갈 수 있는 지혜로운 학생이 될 것을 바라면서.

차례

PART Ⅰ.

제1장. 귀찮은 배열과 치환

Q 1. 동물의 교체 / 19
Q 2. 6열 / 21
Q 3. 아홉 개의 동전 / 23
Q 4. 달걀 케이스 / 25
Q 5. 커튼에 앉은 파리 / 27
Q 6. 다람쥐와 토끼 / 29
Q 7. 별장에서 / 31
Q 8. 성(城) / 33
Q 9. 과수원 / 35
Q 10. 흰 쥐 / 37

제2장. 능숙한 오려내기와 이어 맞추기

Q 11. 네 개의 부분으로 / 41
Q 12. 둥글게 만든다 / 43
Q 13. 시계의 문자판 / 45
Q 14. 초승달 / 47

Q 15. 정사각형을 만든다 / 49
Q 16. 연못 / 51
Q 17. 재봉사 / 53
Q 18. 젊은 목수의 고민 / 55

제3장. 비뚤어진 문제

Q 19. 컵과 나이프 / 59
Q 20. 어떻게 짜여 있을까? / 61
Q 21. 하나의 마개로 3개의 구멍에 / 63
Q 22. 컵은 얼마만큼? / 65
Q 23. 맥주통 / 67
Q 24. 직사각형은 몇 개 있을까? / 69
Q 25. 상사형(相似形) / 71
Q 26. 파리의 진로 / 73
Q 27. 벌레의 진로 / 75
Q 28. 어느 정도 되겠는가? / 77
Q 29. 벌의 여행 / 79
Q 30. 장난감 벽돌 / 81

Q 31. 적도(赤度)를 따라서 / 83

제4장. 중량과 계량법

Q 32. 비누 / 87
Q 33. 어미고양이와 아기고양이 / 89
Q 34. 조가비와 구슬 / 91
Q 35. 과일 / 93
Q 36. 컵은 몇 개? / 95
Q 37. 분동과 망치 / 97
Q 38. 계산을 요령 있게 / 99
Q 39. 벌꿀과 등유 / 101
Q 40. 옮겨 담기 / 103

제5장. 수는 마술사

Q 41. 마법의 성진(星陣) / 107
Q 42. 삼지창 / 109
Q 43. 수의 삼각형 / 111

Q 44. 팔각성(八角星) / 113
Q 45. 수의 바퀴 / 115
Q 46. +와 −를 사용하자 / 117
Q 47. 숫자를 10개 사용해서 / 119
Q 48. "1" / 121
Q 49. "2"를 5개 사용해서 / 123
Q 50. "3"을 4개 사용해서 / 125
Q 51. "3"을 5번 사용해서 / 127
Q 52. 이상한 분수 / 129

제6장. 걸리버 여행기

Q 53. 걸리버의 식료품과 식사 / 133
Q 54. 소인국의 동물들 / 135
Q 55. 300명의 재봉사 / 137
Q 56. 거대한 사과와 개암나무 열매 / 139
Q 57. 딱딱한 침대 / 141
Q 58. 거인의 반지 / 143
Q 59. 거인의 책 / 145

제7장. 착각하기 쉬운 문제

Q 60. 쇠사슬 / 149
Q 61. 땅파기 / 151
Q 62. 목수와 각목 / 153
Q 63. 목수와 조수 / 155
Q 64. 자동차와 오토바이 / 157
Q 65. 감자 씻기 / 159
Q 66. 두 사람의 타이피스트 / 161
Q 67. 가루를 계량하다 / 163

제8장. 한 번에 그리기

Q 68. 케니히스베르크의 다리 문제 / 167
Q 69. 토폴로지와 다리의 문제 / 169
Q 70. 한 번에 그릴 수 있을까? / 171
Q 71. 레닌그라드의 다리 / 173

제9장. 마방진(Magic square)

Q 72. 최소의 마방진 / 177
Q 73. 마방진의 회전과 반영 / 178
Q 74. 바셰의 방법 / 180

제10장. 지워진 숫자

Q 75. 숫자를 찾아라 / 185
Q 76. 감춰진 숫자 / 187
Q 77. 숫자 찾기(1) / 189
Q 78. 숫자 찾기(2) / 191

PART Ⅱ.

Q 79. 세모와 네모 / 195
Q 80. 무슨 숫자가 올까? / 197
Q 81. 미스 프린트? / 199
Q 82. 점과 선 / 201

Q 83. 카펫 이어붙이기 / 203
Q 84. 파리와 거미 / 205
Q 85. 달팽이의 여행 / 207
Q 86. 기하급수로 늘어나는 아메바 / 209
Q 87. 밀물 / 211
Q 88. 지혜로운 요리사 / 213
Q 89. 원의 분할 / 215
Q 90. 한 가닥의 끈 / 217
Q 91. 카레이서 / 219
Q 92. 기차의 시속 / 221
Q 93. 사과와 오렌지 / 223
Q 94. 위조 주화를 찾아라! / 225
Q 95. 세 집의 아이들 / 227
Q 96. 일촉즉발! / 229
Q 97. 양말 짝 찾기 / 231
Q 98. 전 타석 홈런 / 233
Q 99. 빛과 시계 / 235
Q 100. 8개의 8자 / 237
Q 101. 사라진 네모꼴 / 239

Q 102. 분동은 몇 개? / 241
Q 103. 모래시계 / 243
Q 104. 두꺼비 / 245
Q 105. 사막 횡단 / 247
Q 106. 술장수의 유언 / 249
Q 107. 유산의 배분 / 251
Q 108. 신문지를 50번 접으면 / 253
Q 109. 호수의 연꽃 / 255
Q 110. 소포의 크기는? / 257
Q 111. 한 번에 그리기 / 259
Q 112. 가벼운 주화 / 261
Q 113. 태양을 몇 번 보았을까? / 263
Q 114. 정원에 나무심기 / 265
Q 115. 인공 다이아몬드 / 267
Q 116. 케이크 자르기 / 269
Q 117. 종이접기 / 271
Q 118. 늑대를 가둬라! / 273
Q 119. 양을 우리에 / 275
Q 120. 점과 선의 베리에이션 / 277

Q 121. 베리에이션의 베리에이션 / 279
Q 122. 삼각형은 전부 몇 개? / 281
Q 123. 명사수 / 283
Q 124. 온천이 솟는 땅 / 285
Q 125. 고속도로 설계 / 287
Q 126. 지구 개조 / 289
Q 127. 어느 쪽이 이길까? / 291
Q 128. 달력 / 293
Q 129. 땅의 분할 / 295
Q 130. 탱크에 물 채우기 / 297
Q 131. 언젠가는 돌아오겠지 / 299
Q 132. 배열판은 몇 개가 필요한가? / 301
Q 133. 총알보다 빠른 비행기 / 303
Q 134. 잠자고 입는 딸 / 305
Q 135. 배의 나이는? / 307
Q 136. 정기 여객선 / 309
Q 137. 로프 트릭 / 311
Q 138. 십자가 / 313
Q 139. 기차놀이 / 315

Q 140. 풀장의 길이는? / 317
Q 141. 섬까지의 거리는? / 319
Q 142. 계산하지 말고 풀기 / 321
Q 143. 대형 포스터 / 323
Q 144. 정원의 넓이 / 325
Q 145. 동물농장 / 327
Q 146. 원인과 결과 / 329
Q 147. 이상한 클럽 / 331
Q 148. 사라진 1달러 / 333
Q 149. 100을 만드는 베리에이션 / 335
Q 150. 어느 부자의 유언 / 337
Q 151. 성냥개비 트릭 / 339
Q 152. x는? / 341
Q 153. 체인스모커 / 343
Q 154. 맹물로 가는 자동차 / 345
Q 155. 사과 / 347
Q 156. 빚 / 349
Q 157. 신입사원 채용 / 351
Q 158. 밤새 짖는 개 / 353

Q 159. 이는 모두 몇 개? / 355
Q 160. 연쇄(連鎖)의 일부 / 357
Q 161. 동물원 구경 / 359
Q 162. 낚시 / 361
Q 163. 투시도 / 363
Q 164. 거짓말인가, 참말인가? / 365
Q 165. 4를 곱하면? / 367
Q 166. 돈을 더 보내라! / 369
Q 167. 암중모색 / 371
Q 168. 콩고의 봉고 / 373
Q 169. 남자와 여자 / 375
Q 170. 원 속의 원 / 377

재미있는

수학탐험

PART Ⅰ

PART Ⅰ은 물리학이나 수학에 관한 책을 많이 저술한 러시아의 야콥 이시드로비치 펠레리만의 재미있는 문제와 실험 속에서 수학에 관계된 것만을 선택 발췌한 것이다.

비교적 수월하게 풀 수 있는 문제들로 꾸며져 있으며, 분야 별로 10개의 장으로 나누어, 일반적으로 무심코 보아 넘겨지고 있는 것에도 수학적인 촉감을 발휘해서 문제를 다루고 있다.

유명한 오일러의 토폴로지, 《걸리버 여행기》에 대한 수학적 고찰, 일상생활 속의 칭량, 기하학적 도형 문제, 숫자 짜 맞추기 등 두뇌 체조에 최적한 문제들로 꾸며졌다.

제1장 귀찮은 배열과 치환

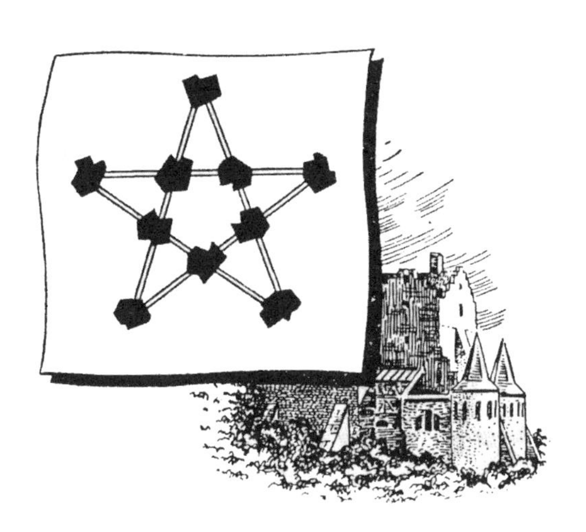

Q1. 동물의 교체

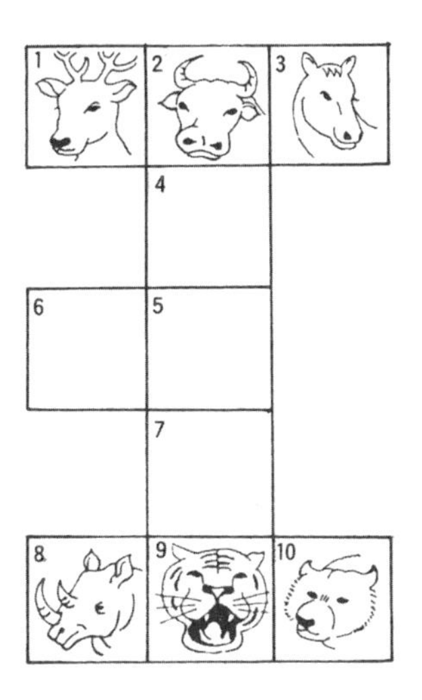

어느 동물원에서는 사슴, 소, 말, 코뿔소, 호랑이, 곰의 각 우리가 위 그림과 같은 배치로 되어 있어서 그것들은 그림처럼 비어 있는 4개의 우리와 연결되어 있습니다.

어느 날, 이들 동물들을 교체할 필요가 생겼습니다. 사슴과 코뿔소, 소와 호랑이, 말과 곰…… 이런 식으로. 그리고 교체하는데 동물들을 우리 밖으로 나가지 않게 하고 연결되어 있는 빈 우리를 이용해야만 합니다. 동물들이 이용하는 데에는 한 개의 빈 우리에 한 마리씩밖에 몰아넣지 못하기 때문에 상당한 시간이 걸렸지만 무사히 마칠 수 있었습니다. 자, 어떠한 순서로 교체했을까요?

【해답】

동물의 교체는 다음과 같은 순서로 행한다.

소 → 6, 호랑이 → 2, 코뿔소 → 4,

소 → 8, 곰 → 6, 코뿔소 → 10,

호랑이 → 9, 말 → 7, **곰 → 3**,

사슴 → 6, 말 → 1, 호랑이 → 2,

소 → 4, **사슴 → 8**, 코뿔소 → 6,

소 → 10, 호랑이 → 9, 말→ 7,

코뿔소 → 1, 말 → 6, **호랑이 → 2**,

소→ 4, 말 → 10, **소 → 9**

Q2. 6열

어느 학교의 선생님은 체조를 가르칠 때 30명의 학생을 다섯 사람씩 나누어서 6열로 나란히 세우고 있었다.

그런데 체조시간에 6명의 학생이 쉬게 되었다. 그러나 이 선생님은 평상시와 같이 각 열을 다섯 사람씩으로 해서 6열을 만들려고 한다.

그렇게 할 수 있을까?

【해답】

그림과 같이 학생들을 6각형으로 정렬시키면 선생이 바라는 열을 만들 수 있다.

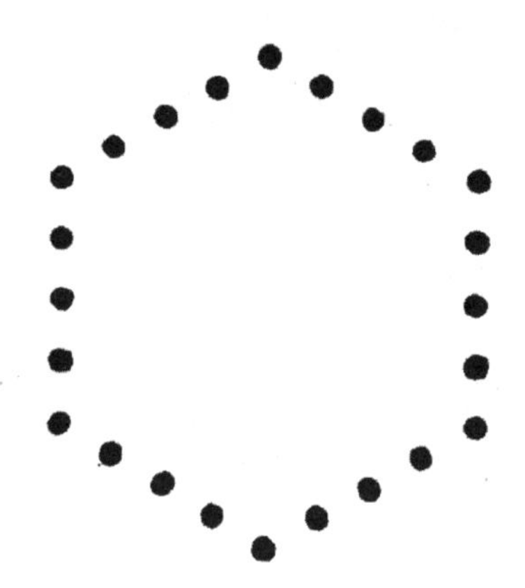

Q3. 아홉 개의 동전

10원, 50원, 100원짜리 동전을 각각 3개씩 준비하고, 동전을 그림과 같이 나열하여 한 개의 동전 위에 성냥개비(아니, 무엇이든 상관없다)를 올려놓는다. 보다시피 각 열의 동전의 합계액은 160원이다(대각선의 열은 다르다).

그런데 이 성냥개비를 올려놓은 동전은 움직이지 말고 다른 동전은 여러 방향으로 배치를 옮겨 놓아도 어떤 열이든 동전의 합계가 전과 마찬가지로 160원이 되도록 하여 보라. 단 가로 세로 모두 동전의 배열은 역시 3열이 되도록 해야 한다.

불가능하다고 생각할 것이다. 그러나 약간의 트릭을 쓰면 가능하다. 어떻게 하면 될까?

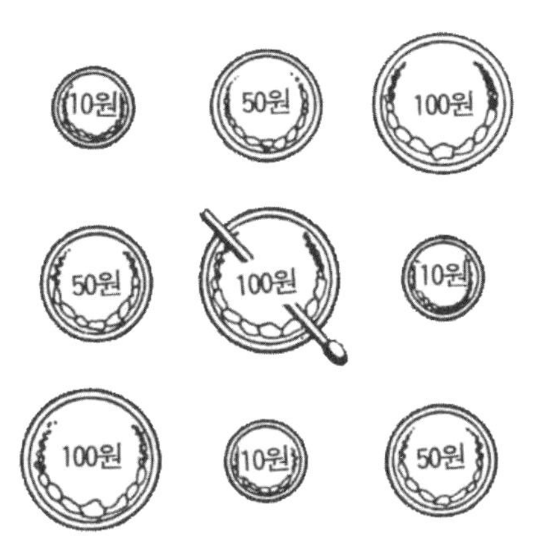

【해답】

중앙의 움직일 수 없는 동전 아래에 있는 옆 1열의 동전을 배열한 그대로 위쪽으로 옮겨 보면 문제는 쉽게 해결된다.

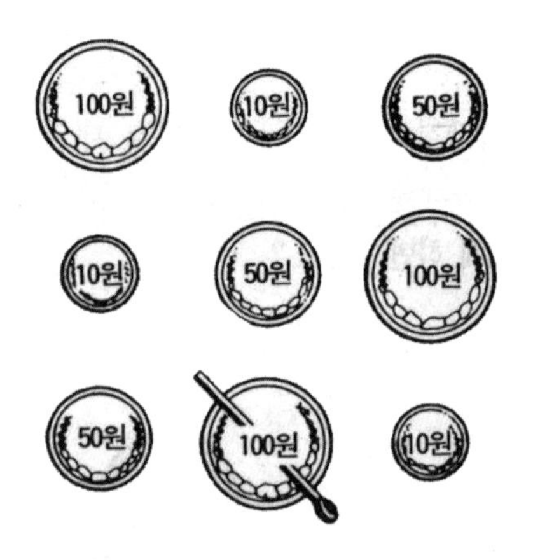

Q4. 달걀 케이스

여기에 3타스가 들어갈 수 있는 달걀 케이스가 있다. 여기에서 1타스분의 달걀을 사용하게끔 되었는데, 다른 24개의 달걀이 어느 열에나 4개씩 남도록 12개를 뽑아내려고 한다.

그러면 어느 달걀을 뽑아내면 될까?

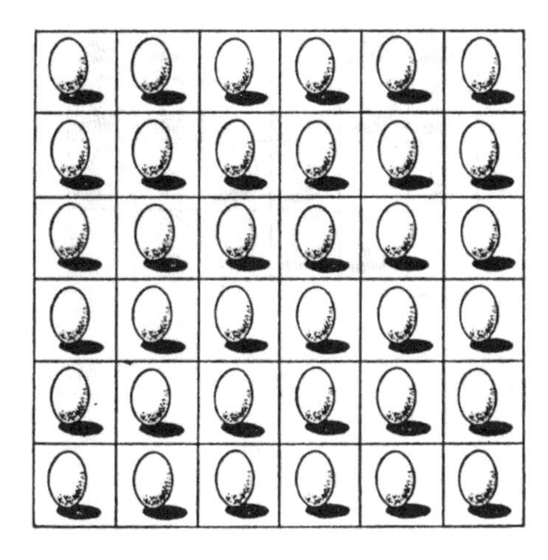

【해답】

그림과 같은 위치에 달걀이 남도록 12개의 달걀을 뽑아내면 된다.

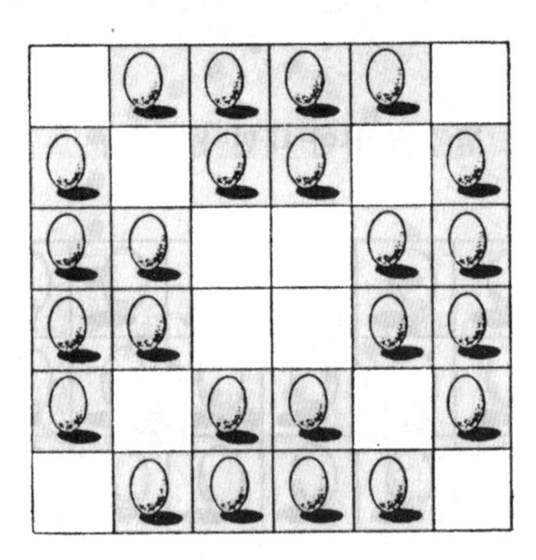

Q5. 커튼에 앉은 파리

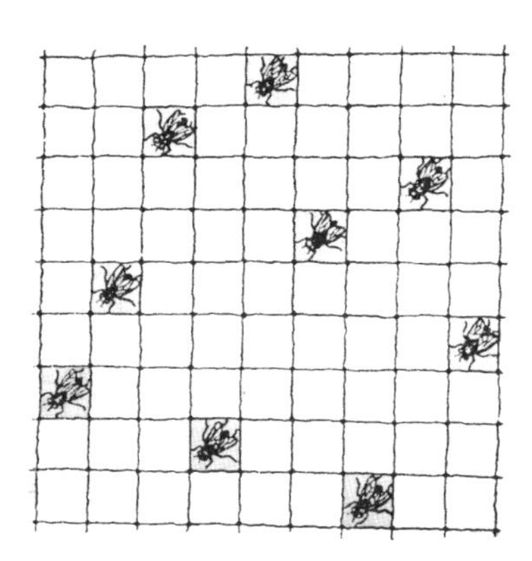

창에 바둑무늬 모양의 커튼에 파리가 앉아 있다. 잘 살펴보면 파리는 9마리로 그림과 같이 앉아 있다. 우연하게도 파리들은 가로, 세로 어느 선상에도 한 마리밖에 없다.

그런데 잠시 후, 세 마리의 파리가 옆의 빈 칸으로 위치를 옮겼다. 하지만 나머지 여섯 마리의 파리는 그 자리에 그대로 앉아 있었다.

그런데 희한하게도 세 마리의 파리가 위치를 옮겼는데도 9마리의 파리는 어느 것이나 종전대로 가로, 세로 어느 칸 위에도 한 마리 이상은 앉아 있지 않았다.

세 마리의 파리는 어느 칸으로 위치를 옮겼을까?

【해답】

파리는 그림의 화살표의 칸으로 위치를 옮겼다.

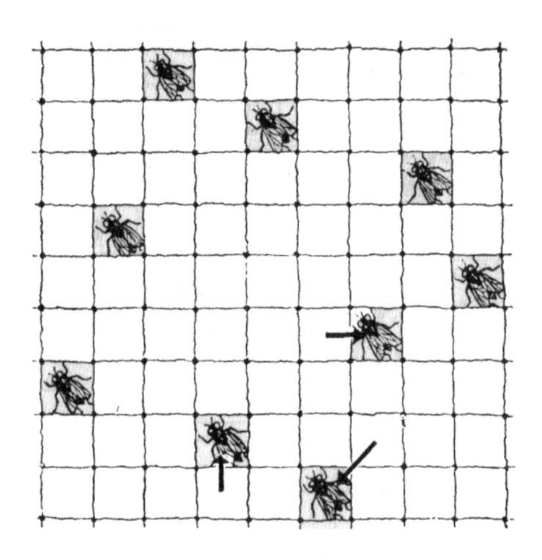

Q6. 다람쥐와 토끼

예시한 그림에 8개의 그루터기가 있는데 1과 3의 그루터기 위에는 토끼가, 또 6과 8의 그루터기에는 다람쥐가 타고 앉아 있다.

그런데 다람쥐와 토끼들은 자기가 앉아 있는 그루터기가 마음에 들지 않아서 그들은 그루터기를 서로 바꾸어 앉으려고 한다. 다람쥐들은 토끼들의 그루터기로, 토끼들은 다람쥐의 그루터기로…….

그들은 그루터기에서 그루터기로 뛰어 옮기면 위치를 교환할 수 있는데, 이 그림에 그려져 있는 선을 따라서만 이동할 수가 있다. 또 그루터기에는 한 마리밖에 타고 앉을 수가 없다.

그들은 어떤 순서로 이동하면 될까? 그들은 가능한 한 적은 이동 횟수로 목적을 달성하려고 하는데 16회 이하로 할 수는 없을까?

【해답】

그루터기를 교환하기 위해 다람쥐와 토끼가 그루터기를 뛰어 옮기는 순서 가운데 가장 적은 횟수는 다음과 같다. 화살표는 뛰어 옮기는 방향을 나타내고 있다.

1 → 5, 8 → 4, 3 → 7,

4 → 3, 7 → 1, 6 → 2,

5 → 6, 2 → 8, 3 → 7,

1 → 5, 6 → 2, **5 → 6**,

8 → 4, **2 → 8** 7 → 1,

4 → 3

Q7. 별장에서

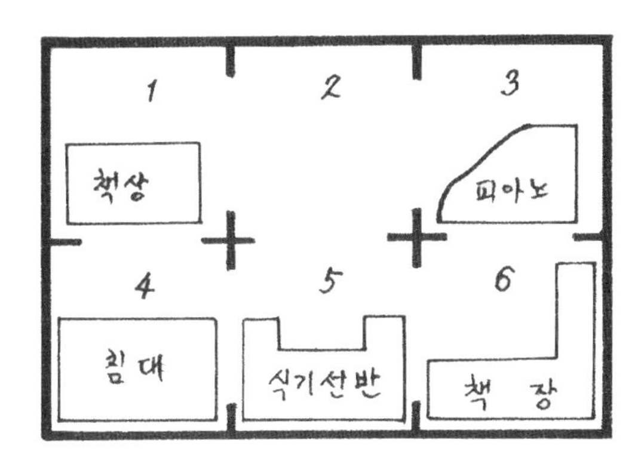

어떤 사람이 별장을 빌렸다. 다음의 그림은 그 별장의 평면도인데, 보다시피 여러 가지 물건이 비치되어 있다. 번호는 방을 나타내고, 2번 방만이 아무것도 놓여 있지 않다.

그런데 이 별장을 빌린 사람은 피아노와 책장의 위치가 마음에 들지 않아서 바꾸어 놓기로 했다. 그런데 바꾸어 놓는다는 것이 생각했던 것보다 쉽지가 않았다.

아무튼 방이 그다지 넓지 않기 때문에 그림에 있는 물건을 하나의 방에 2개를 넣을 수는 없기 때문이다. 그래서 물건을 이동하는 데에는 아무리 생각해도 비어 있는 2개의 방을 잘 이용할 수밖에 없다.

자, 이 별장을 빌린 사람은 피아노와 책장을 어떤 식으로 교체했을까? 단 가구를 여러 방법으로 움직여서 피아노와 책장을 교체한 후, 다른 가구류는 본래 있던 방으로 다시 옮겨 놓지 않아도 좋다.

【해답】

피아노와 책장을 바꾸어 놓는 데에는 적어도 물건을 17회 이동시키지 않으면 안된다. 그 순서는 다음과 같다.

피아노 → 2, 책장 → 3, 식기선반 → 6,
피아노 → 5, 책상 → 2, 침대 → 1,
피아노 → 4, 식기선반 → 5, 책장→ 6,
책상 → 3, 식기선반 → , 피아노 → 5,
침대 → 4, 식기선반 → 1, 책상 → 2,
책장 → 3, 피아노 → 6.

Q8. 성(城)

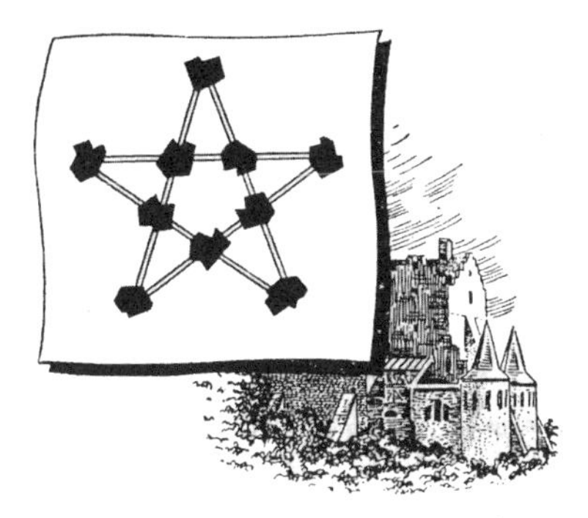

오랜 옛날의 이야기. 한 영주(領主)가 성벽으로 서로 연결할 수 있는 10개의 망루가 있는 성을 구축하려고 생각했다. 그리고 성을 쌓는 데에는 두 가지 조건을 제시했다. 하나는 성벽을 직선적인 것으로서 5개가 되도록 할 것. 또 하나는 각 성벽에는 4개의 망루를 배치할 것.

그런데 축성(築城)을 청부받은 건설업자는 여기에 예시한 것처럼 축성도(築城圖)를 영주에게 보여주었다.

그랬더니, 영주는 이 도안이 아무래도 마음에 들지 않았다. 아무튼 망루가 이렇게 배치되어 있으면 외부로부터 어느 망루에나 접근할 수 있기 때문이었다. 그래서 영주는 비록 전부는 아니라 해도 굳이 하나 또는 두 개의 망루만이라도 성벽에 의해서 외부로부터의 직접적인 침입을 방지할 수 있도록 하고 싶었다. 건설업자는 5개의 성벽에 각 4개의 망루를 배치하여야 한다면 영주가 바라는 성을 구축할 수가 없다고 반대했다. 그러나 영주는 자기의 주장을 굽히지 않았다.

건설업자는 이 난제(難題)에 몹시 고민한 끝에 결국 그것을 해결했다. 어떤 식으로 해결했을까?

【해답】

다음의 그림 가운데 왼쪽 끝의 그림에서 2개의 망루는 외부로부터의 직접 공격을 방지하고 있다. 5개의 성벽에는 각각 4개의 망루가 배치되어 있다.

이 밖에 같은 과제에 관해서 특히 4종류의 해결 방법이 있는데, 그들의 경우에는 성벽의 안쪽에 배치되는 망루는 하나로 된다. 테두리에 둘러싸여 있는 4개의 그림이 그것이다.

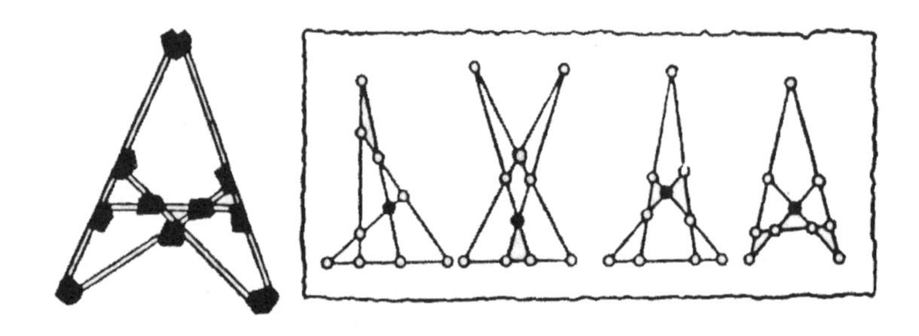

Q9. 과수원

과수원에 49그루의 어린 과수(果樹)가 그림과 같이 심겨져 있었다. 어느 날, 이 과수원 주인은 나무가 너무 많아서 열매가 잘 맺지 않을 것 같다고 생각했다. 여기서 필요 없는 나무는 베어 버리기로 했다. 그는 정원사에게 다음과 같이 지시했다.

"나무가 너무 많으니 5열(列)만 남기고 나머지 나무는 전부 베어 버려라. 단, 각 열에 4그루의 나무는 반드시 남겨두어야 한다."

나무 베기 작업이 끝났을 때, 과수원 주인은 결과를 보러 왔다. 이상하게도 과수원은 텅 빈 상태에 가까웠다. 20그루의 나무가 남겨져 있어야 하는데 겨우 10그루밖에 없었다.

"도대체 어떻게 된 일이냐? 이렇게 많이 베어 버리다니……! 20그루를 남겨 놓도록 지시하지 않았는가?"

과수원 주인은 정원사를 나무랐다. "아니, 20그루라고는 말씀하시지 않았습니다. 나무의 열을 5열 남기고 그 각 열에 4그루의 나무가 남아 있도록 하라고 지시하셨습니다. 저는 말씀대로 따랐을 뿐입니다. 잘 보십시오."

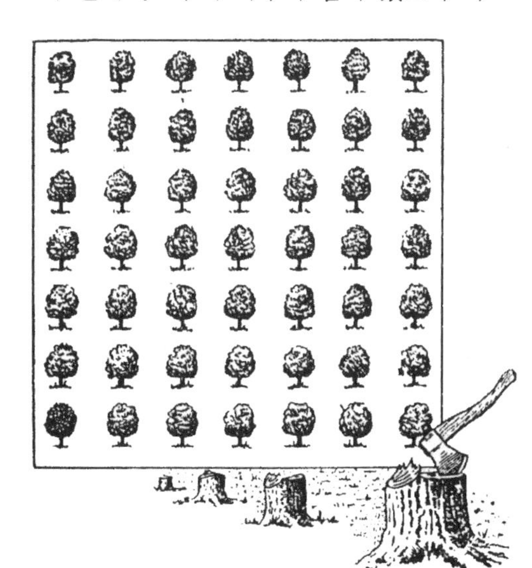

그래서 과수원 주인은 과수원에 남은 10그루의 나무가 각 4그루씩 5열로 배치되어 있는 것을 확인했다. 과수원 주인의 지시는 정확하게 실행되어 있어서 정원사는 역시 29그루가 아닌 39그루를 베어 버린 것이다. 정원사는 나무를 베는 데 어떤 연구를 했을까?

【해답】

정원사가 베지 않고 남긴 나무는 아래 그림과 같이 배치되어 있습니다. 아래의 그림은 그것의 배치도입니다. 과연 이렇게 되면 문제는 해결된 것입니다. 5열로 심어져 있으며 각 열에는 4그루씩의 나무가 남아 있으니까요.

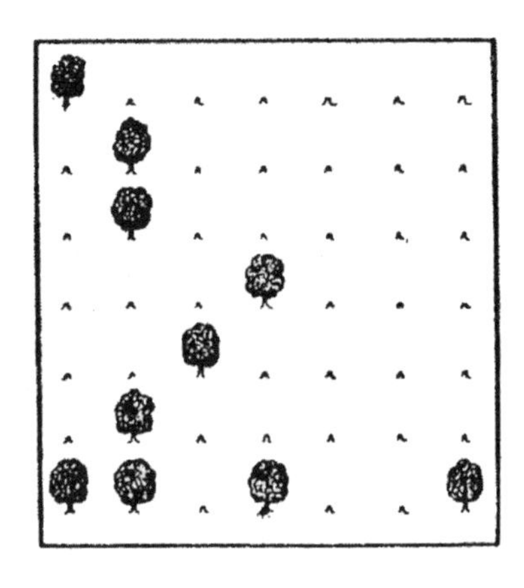

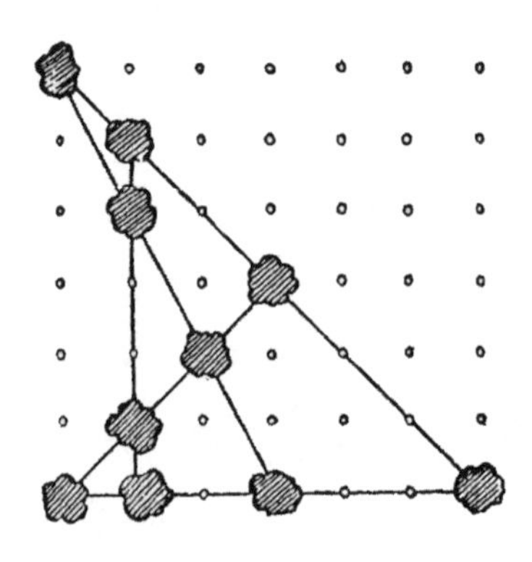

Q10. 흰 쥐

고양이 둘레에 13마리의 쥐가 있다. 고양이는 이들 쥐를 어떻게 잡아먹을까 하고 골똘히 생각한 끝에 일정한 순서에 따라서 한 마리씩 잡아먹기로 했다. 다시 말해서, 처음 한 마리를 잡아먹으면 다음에는 잡아먹은 쥐의 앞에 있는 쥐로부터 계산해서(시계바늘이 도는 방향으로) 열세 번째를 잡아먹고, 그 다음에는 다시 똑같은 식으로 세어서 13번째를, 그리고 다시 13번째를…… 이런 식으로 잡아먹기로 한 것이다(단 잡아먹혀서 없어진 쥐는 계산에 넣지 않는다).

게다가 이 고양이는 단 한 마리밖에 없는 흰 쥐는 제일 마지막으로 잡아먹기로 했다. 자, 어느 쥐부터 잡아먹기 시작하면 흰 쥐가 마지막에 남게 될까?

【해답】

고양이는 지금 자기가 노리고 있는 쥐로부터, 다시 말해서, 흰 쥐에서 부터 세어서 6번째의 쥐부터 잡아먹기 시작하지 않으면 안된다.

그러면 잡아먹은 쥐의 앞에서 세어서 13번째에 해당하는 쥐를 차례로 지워 나가면(단 이미 지운 쥐는 계산에 넣지 않는다) 여러분들은 최후로 먹을 수 있는 것이 흰 쥐라는 것이 확인될 것이다.

제2장. 능숙한 오려내기와 이어 맞추기

Q11. 네 개의 부분으로

어느 토지 소유자가 그림과 같은 T자 형의 토지를 면적이 같은 5개의 정사각형으로 갈라서 팔려고 했으나, 이 정사각형의 토지는 너무 작아서 팔리지가 않았다. 그래서 다시 4개의 같은 면적으로 갈라서 팔려고 한다. 글쎄, 잘 갈라질까?

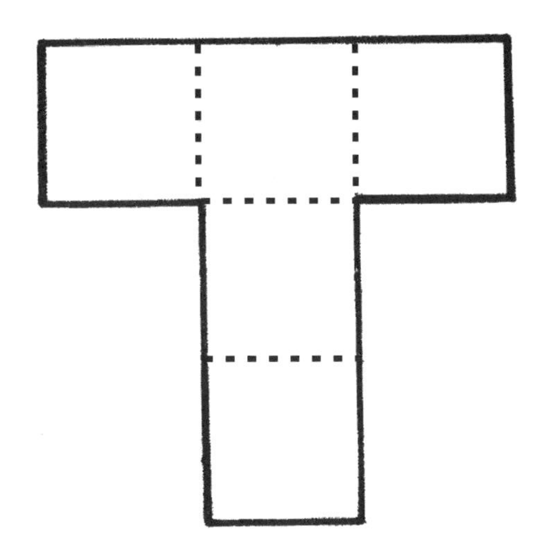

【해답】

그림의 점선과 같이 가르면 토지를 같은 면적의 4구획으로 나눌 수 가 있다.

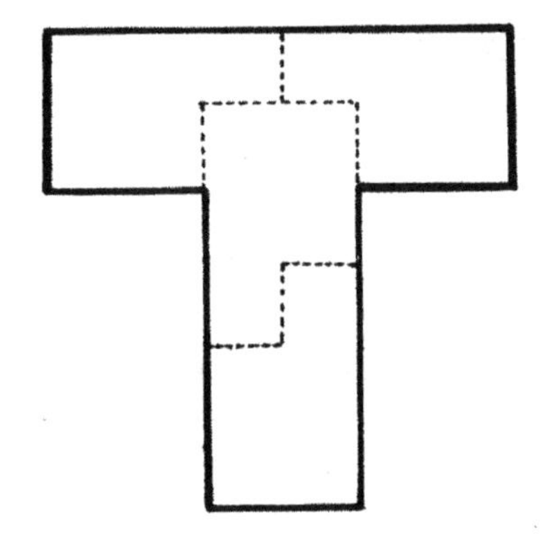

Q12. 둥글게 만든다

어느 날 손재주가 있는 목수에게 손님이 찾아와서 그림과 같은 형태의 얇은 목재판을 두 개 보여주면서 이것과 같은 크기와 모양의 판 2장으로 둥근 테이블을 만들에 달라고 주문했다. 단, 이 타원형의 것은 비싼 나무로 만든 것이기 때문에 둥근 판을 만들 때 그 나무를 하나도 남기지 말고 사용해 달라고 했다.

이 목수는 손재주가 상당히 있었는데, 받은 주문은 예사롭지가 않았다. 그러나 그는 할 수 있다고 생각했다. 잘 살펴보니 2장의 곡선은 원의 일부를 이은 것이었기 때문이다.

그는 어떻게 해결하였을까?

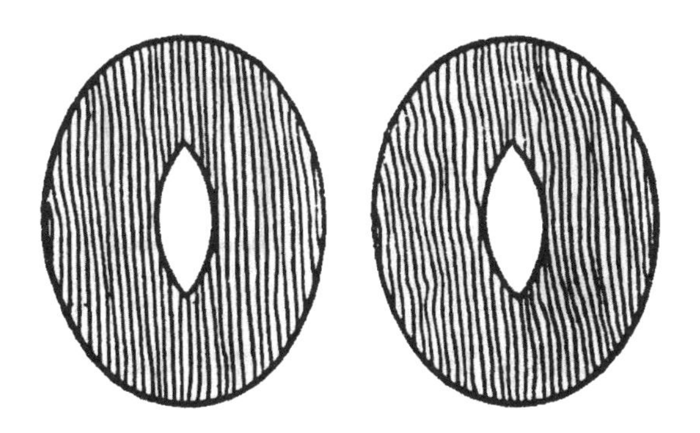

【해답】

목수는 두 장의 판을 각각 아래 그림과 같이 4개의 부분으로 분할했다. 그리고 우선 작은 쪽의 4장의 판 조각을 이어 붙여서 작은 원을 만들고 나머지 큰 쪽의 4장의 판 조각을 그것의 주위에 붙였다. 이렇게 해서 목수는 둥근 테이블의 판을 만든 것이다.

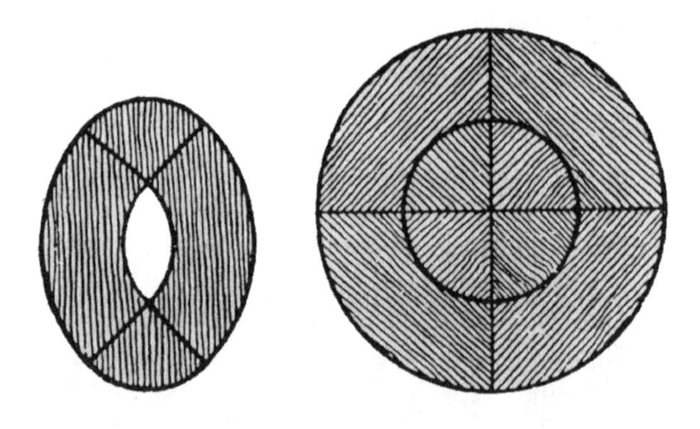

Q13. 시계의 문자판

여기에 바늘을 빼낸 시계의 문자판에 임의로 선을 그어서 6개의 구획으로 나누어보라. 단, 구획에 포함하는 두 개의 수의 합은 6개의 구획 모두가 같아야 한다.

이 문제는 쉽게 풀 수 있지만, 이 문제를 출제한 목적은 여러분들의 판단력의 속도를 시험한다기보다는 오히려 여러분들의 기지를 시험하는 데 있다.

【해답】

우선 문자판에 있는 숫자를 나타내고 있는 수를 전부 합해 보자. 78이 된다. 따라서 문자판을 6개로 구분한 각각의 구획 내 수의 합은 78을 6으로 나눈 수, 즉 13이 된다. 따라서 답은 그림과 같이 된다.

Q14. 초승달

이 낫과 같은 달을 두 직선만으로 6개의 부분으로 나누고 싶은데 어떻게 선을 그으면 좋을까?

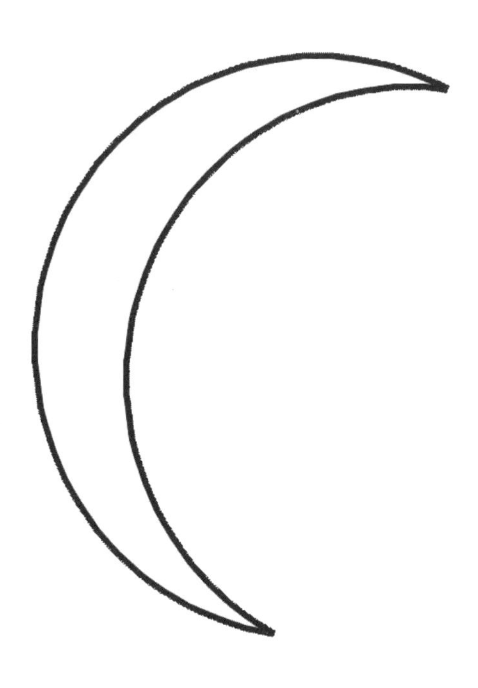

【해답】

분할은 그림과 같이 한다. 번호는 분할된 부분을 나타낸다.

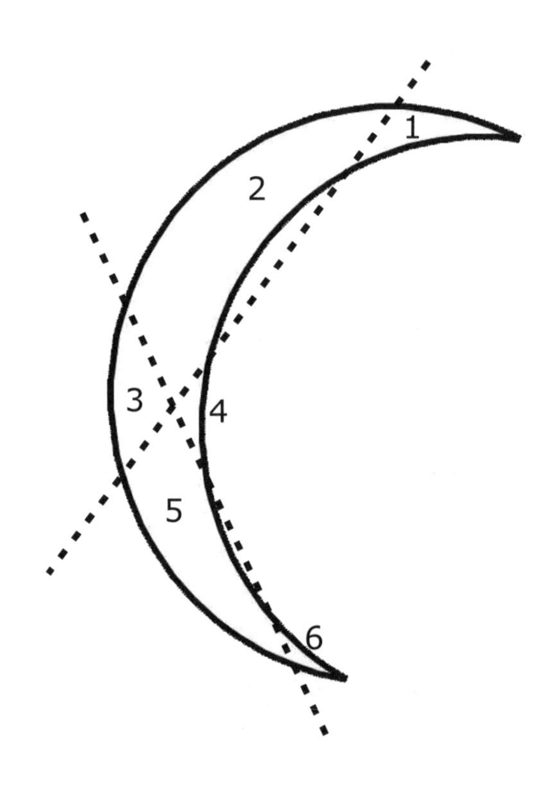

Q15. 정사각형을 만든다

(1) 우선 A를 보면 정사각형이 하나 직각삼각형이 4개가 있다. 이런 형으로 된 다섯 장의 종이를 다시 짜 맞추어서 하나의 정사각형을 만들 수 있을까?

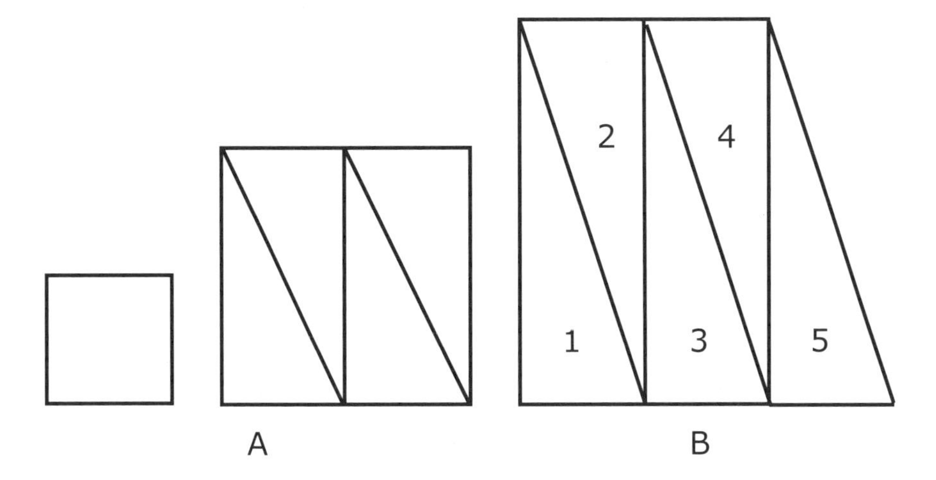

(2) 이번에는 그림 B와 같은 5개의 삼각형을 다시 짜 맞추어 하나의 정사각형을 만들어 보라.

단, 이 삼각형의 직각을 이루는 두 개의 변 가운데 긴 쪽은 짧은 쪽의 2배의 길이가 된다. 또 정사각형을 만드는 데 있어서 삼각형의 하나는 절단해도 좋지만 다른 4개는 잘라서는 안 된다. 또 삼각형을 잘랐으면 자른 부분은 남기지 말고 이용해야 한다.

【해답】 그림과 같다.

처음 문제는 A도와 같이 해서 해결한다. B도는 5개의 삼각형에서 정사각형을 만드는 이어 맞춘 그림이다. 이미 알고 있듯이, B도의 중앙 부분은 5의 삼각형을 6과 7로 분할해서 자리를 바꾸어 맞추어서 만든 정사각형이다.

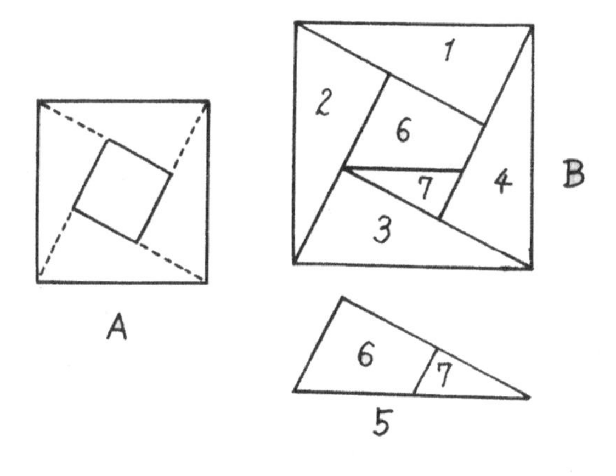

Q16. 연못

마을에는 그림과 같은 정사각형의 용수지(用水池)가 옛날부터 만들어져 있다. 그 네 모퉁이에 떡갈나무 심겨져 있다.

어느 날, 이 연못을 2배의 크기로 확장하게 되었다. 형태는 역시 정사각형으로 하기로 했다.

그런데 마을 사람들은 오래된 떡갈나무를 옮겨 심는 것에 반대를 하는 것이었다.

그러면 일은 난처하게 되었다. 나무는 움직이거나 연못 속에 넣어도 안된다. ……그러나 연못은 2배로, 게다가 정사각형 모양으로 넓히고 싶은 것이다. 과연 가능할까?

【해답】

떡갈나무를 이동하지 않고 연못을 그대로 2배로 확장하는 것은 전혀 불가능하다. 그러나 나무와 나무 사이의 공터를 활용한다는 것을 알게 되면 이 문제는 쉽게 해결되다.

연못에 두 개의 대각선을 그으면 삼각형이 4개가 된다. 이 삼각형을 각각 일으켜서 연못의 바깥쪽으로 쓰러뜨리면 그림의 점선과 같이 되고, 이 점선까지 연못을 확장하면 연못의 면적은 2배로 되는데다가 떡갈나무도 그대로 남게 된다.

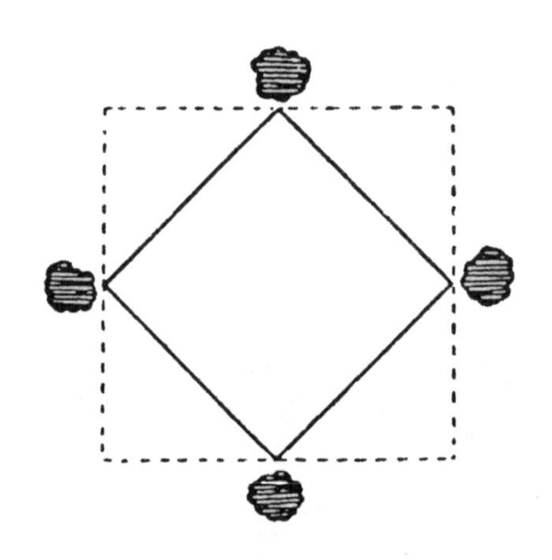

Q17. 재봉사

젊은 재봉사가 큰 천에서 정사각형의 조각을 몇 개 오려냈다. 그리고 재봉사는 정사각형의 천 조각을 대각선으로 접어 쌍방의 각이 일치하고 있는지 여부에 따라서 분명히 정사각형으로 재단되었는지를 확인하려고 했다.

그런데 옆에 있던 선배 재봉사는 그런 확인 방법에는 만족하지 않았다. 그는 천 조각을 대각선으로 접어 맞추어 본 다음 다시 펴서 또 다시 대각선에 따라서 접어 보았다. 그래서 천 조각이 맞추어진 쌍방의 각이 양쪽의 경우 모두 일치했을 때 그는 천 조각은 분명히 정사각형이라고 판단하게 된 것이다.

이런 확인 방법에 관해서 여러분들은 무언가 할 말이 없을까?

【해답】

젊은 재봉사의 방법은 잘못이다. 그림 A를 보면 여기에 4각형이 3개 그려져 있지만, 그것들 어느 것이나 대각선에서 접은 경우 각은 꼭 일치한다. 이러한 점검은 대칭형을 점검할 수 있는 데 불과하다.

그러면 다른 재봉사의 방법은 어떨까? 그의 방법이라면 비록 정사각형이 아니더라도 그의 방법으로 점검할 수 있는 사각형을 얼마든지 종이에서 오려 낼 수가 있다. 그림 B와 같이 변의 길이는 같다 해도 두 변이 이룬 각은 직각이 아니다.

천에서 오려낸 4각 천 조각이 정사각형인지를 확인하기 위해서는 재봉사가 행한 것 외에 두 개의 대각선의 길이(혹은 4개의 각)가 같은지를 점검해 보지 않으면 안 된다.

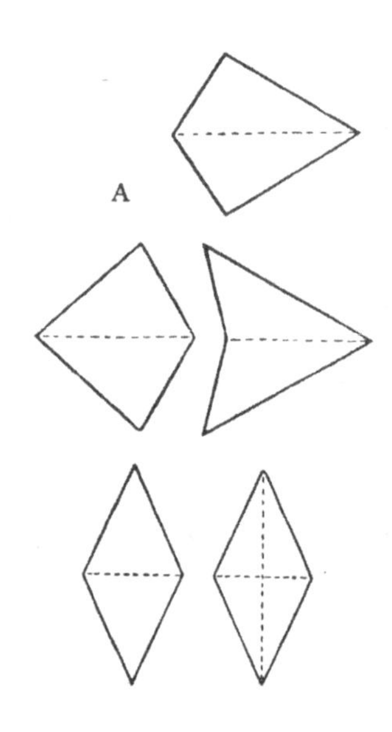

Q18. 젊은 목수의 고민

젊은 목수에게 5각형의 널빤지가 있었다. 이 널빤지는 그림처럼 정사각형과 삼각형을 이어 맞춘 것 같은 형으로 삼각형의 부분의 크기는 정사각형 부분의 1/4로 되어 있다. 그런데 이 젊은 목수는 주인으로부터 이 널빤지로 정사각형을 만들도록 지시 받았다.

단 이 널빤지를 자를 때 쓸데없는 조각이 나와서도 안 되고, 다른 널빤지를 이어서도 안 된다고 한다.

젊은 목수는 골똘히 생각한 끝에 이 널빤지를 두 개의 직선을 그어 세 개로 나누고 난 후에 짜 맞추기로 했다.

그는 과연 널빤지를 어떻게 나누었겠는가?

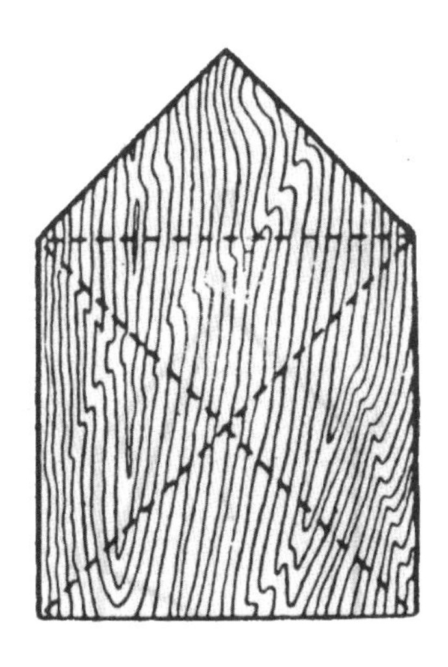

【해답】

하나의 선은 de의 중앙 f에서 정점 c로, 다른 하나의 선도 역시 같은 f 점에서 정점 a로 그어야 한다. 그리고 이 두 개의 선을 따라 절단된 3개의 부분, 1, 2, 3을 이어 맞추면 정사각형이 된다.

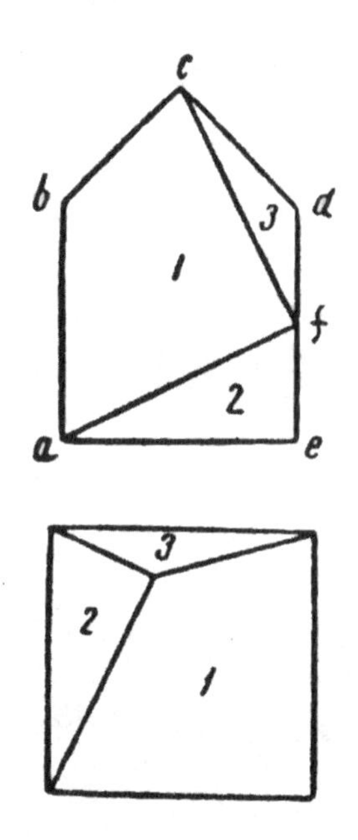

제3장. 비뚤어진 문제

Q19. 컵과 나이프

여기에 컵과 나이프가 있다. 컵과 컵 사이의 간격은 나이프의 길이보다 약간 넓다. 그런데 이들 3개의 나이프에 의해서 3개의 컵을 잇는 다리를 걸치려고 한다. 말할 것도 없이 컵을 이동시켜서도 안 되고, 나이프와 컵 이외의 것을 사용해서도 안된다.

그렇다면 어떻게 해서 나이프로 다리를 걸칠 수가 있을까?

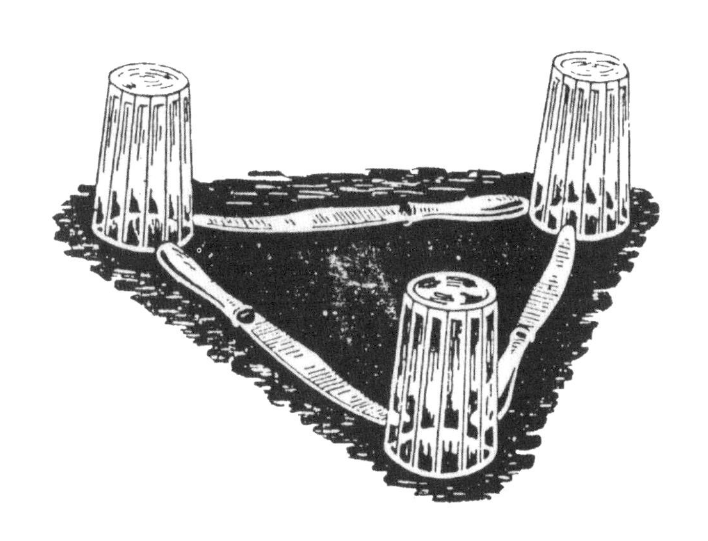

【해답】

그림과 같이 나이프를 엇걸면 된다.

Q20. 어떻게 짜여 있을까?

못을 사용하지 않고 목재를 접합하는 방법은 여러 가지가 있지만, 여기에 있는 그림과 같이 접합하는 방법도 그 한 가지다. 한쪽 편의 튀어나온 부분을 다른 쪽 움푹한 곳에 끼워 맞추게 되는데, 목수는 이런 접합법을 잘 이용한다.

여러분들이 실제로 이 접합법으로 목재를 접합시킨다면 이 그림에서는 보이지 않는 부분의 튀어나온 부분과 움푹한 부분을 어떻게 세공하면 되겠는가?

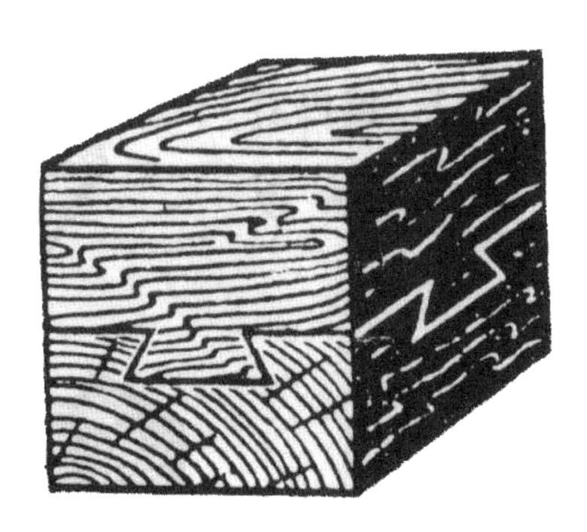

【해답】

바깥쪽에서 보면 두 군데의 곳이 끼워 맞춘 부분이 내부에서 교차하고 있는 것처럼 보입니다. 그러나 실은 그림과 같이 평행하고 있다. 따라서 쉽게 조립, 분해를 할 수가 있는 것이다.

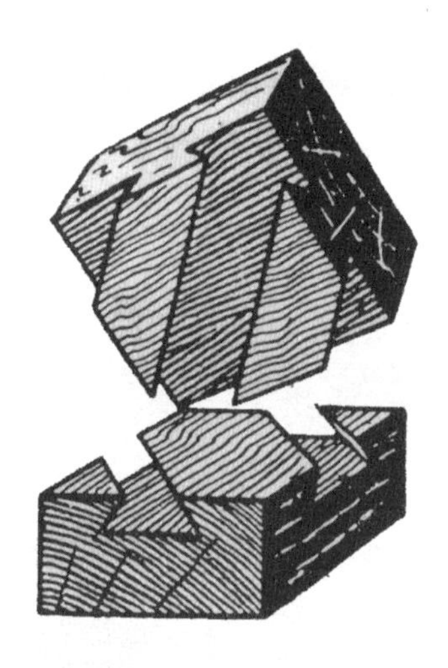

Q21. 하나의 마개로 3개의 구멍에

한 장의 목판에 여러 가지 형태의 구멍이 옆으로 6열 뚫어져 있다. 또 각 열의 구멍은 보다시피 여러 가지다. 그래서 여러분들과 이 구멍을 덮을 마개를 만들려고 한다.

제일 위 열의 구멍은 아주 간단해서 아래 놓여 있는 한 개의 마개를 가로와 세로로 사용하면 안성맞춤이다. 다른 열의 구멍에 끼울 마개를 1열에 1개씩 어떤 형태로 만들면 되겠는가?

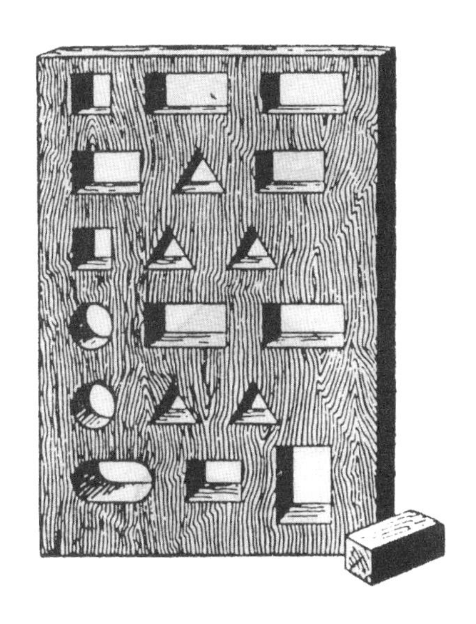

【해답】

목적에 적합한 마개는 다음 5종류의 형태이다.

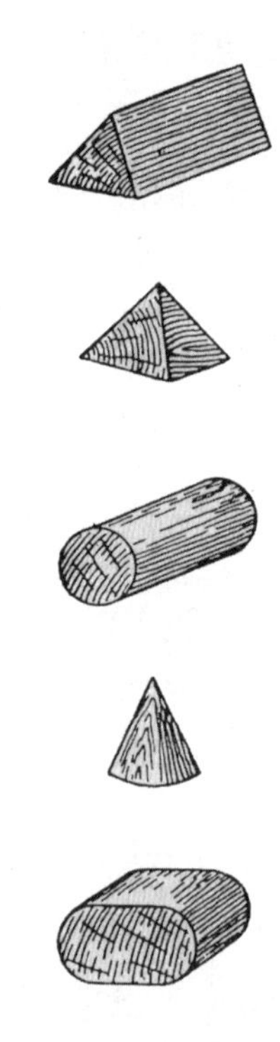

Q22. 컵은 얼마만큼?

선반 위에 세 종류의 용기가 나열되어 있다. 가장 큰 물병, 그것보다 작은 사발, 가장 작은 컵……. 이러한 용기가 놓여 있는데, 각 단에 있는 각 용기의 용량의 합은 어느 단이나 똑같다.

그러면 물병과 사발의 용량은 각각 몇 개분의 컵과 같겠는가?

【해답】

선반의 최상단과 최하단을 비교해 보면 최하단에서는 사발은 상단의 컵 3개분에 상당한다. (각 단 용기의 용량의 합은 각 단 모두 같다.)

그런데 나머지는 물병이다. 최상단의 3개의 공기를 전부 컵으로 교체하면 최상단의 용기는 물병 하나와 컵 12개가 된다. 따라서 이것과 중단의 용기를 비교하면 물병 하나는 컵 6개에 상당한다는 것을 알 수가 있다. 또한 사발 1개는 컵 3개에 상당한다.

Q23. 맥주통

빈 맥주통에 물이 들어 있는데, 눈대중으로 물은 반 정도 있는 것 같다. 좀 더 확실하게 꼭 반이라든지, 아니면 반 이상인지, 반이 덜 차 있는지를 알려고 하는데, 주위에는 막대기라든가 기타 적당하게 계량할 수 있는 도구가 없다. 그런데 도구를 사용하지 않고도 통에 들어 있는 물의 양을 확인했다.

여러분들은 어떤 방법을 썼다고 생각하는가?

【해답】

가장 간단한 방법은 통의 입가에까지 물이 닿도록 통을 기울인다. 그리고 통의 바닥을 보면 조금이라도 바닥이 물에서 나와 있으면 통의 물은 반 이하이다. 반대로 바닥이 수면보다 아래 있으면 물은 반 이상이다. 기울인 바닥의 상단이 수면과 일치하고 있으면 통의 물은 반이라는 결과가 나온다.

Q24. 직사각형은 몇 개 있을까?

여기에 바둑무늬의 그림이 있는데 각 칸은 정사각형이다. 그러면 이 그림 속에는 크고 작은 정사각형을 제외한 직사각형의 수는?

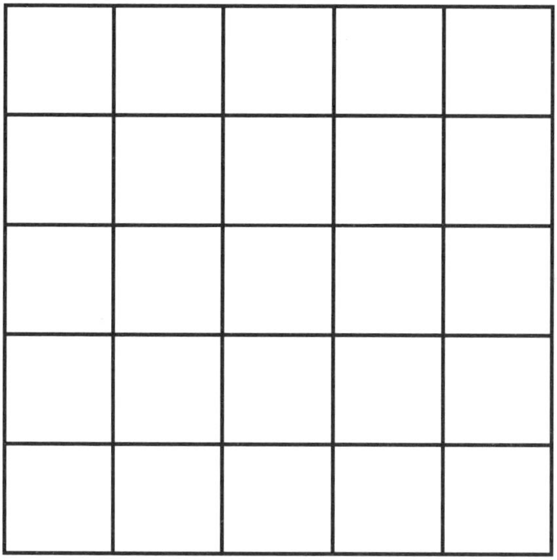

【해답】 170개

계산해 보면 이 정사각형 안에 직사각형을 170개 셀 수 있다.

Q25. 상사형(相似形)

여기에 삼각형의 교통표지(전방에 위험한 곳이 있다고 하는 표지)와 그림 액자가 있다. 이 기하학적인 모양의 표지와 액자에 관해서 다음 질문에 답해 보라.

(1) 교통표지의 삼각형 도형에 있어서 바깥쪽 삼각형은 상사형(相似形)인가?

(2) 액자의 바깥쪽 4각형과 안쪽의 4각형은 상사형일까?

【해답】

1과 2의 질문에 대해서는 어느 것이나 상사형이라고 답하는 사람이 많다. 그러나 이 경우 실제로는 상사형인 것은 삼각형뿐이다. 액자의 바깥쪽과 안쪽의 직사각형은 상사형이라고는 말하지 않는다.

두 개의 삼각형이 상사형이 되기 위해서는 쌍방의 각도가 같기만 하면 되고, 또 바깥쪽 삼각형과 안쪽의 삼각형의 상대하는 변이 평행하고 있다는 점에서 쌍방의 형태는 상사형이라 할 수 있다. 그러나 두 개의 직사각형이 상사형이 되기 위해서는 각이 같거나 변이 평행하다는 것만 가지고는 불충분하다. 더욱이나 직사각형의 서로 만나는 두 변의 길이의 비(比)가 양쪽 직사각형과도 같지 않으면 안된다.

그림에서 왼쪽 직사각형을 보면 바깥쪽 직사각형의 변 A와 B와의 비는 2 : 1로 되어 있지만 안쪽은 그것이 4 : 1이다. 오른쪽 직사각형은 어떨까, 바깥쪽은 4 : 3, 안쪽은 2 : 1이다.

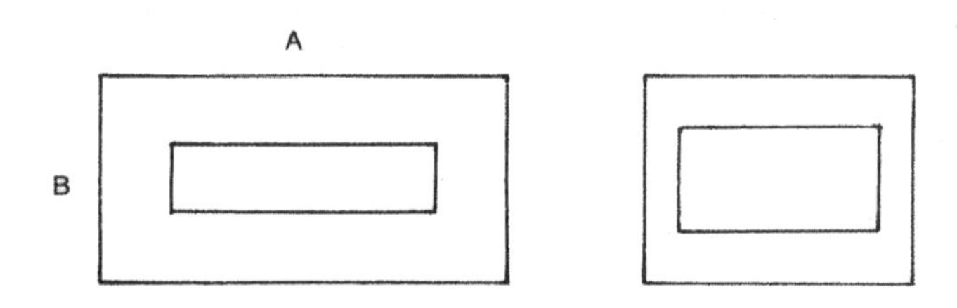

Q26. 파리의 진로

유리 원통 안쪽 벽에 한 방울의 꿀이 묻어 있다. 원통의 상단에서 약 3센티미터 지점이다. 그런데 꿀 향기를 맡고 한 마리의 파리가 날아왔다. 그리고 원통 바깥쪽 벽에 앉았는데, 그 위치는 꿀이 묻어 있는 위치의 바로 맞은편이다. 역시 원통의 상단에서 3센티미터 아래다.

파리는 무심코 원통 바깥쪽 벽에 앉아 버렸기 때문에 이제부터 기어서 꿀이 있는 곳까지 가려는 것 같다. 여기서 꿀이 있는 곳까지 가는데 가장 가까운 길을 제시하라. 파리는 기하학의 지식이 없다. 원통의 높이는 20센티미터 외경(外徑)은 10센티미터이다.

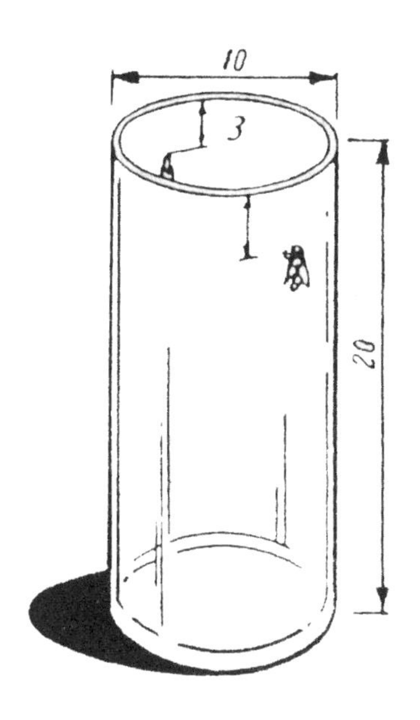

【해답】

문제를 풀기 위해서 원통의 펼친그림을 그려 보자. 그림 (1)과 (2)는 그것의 전개도이다.

원주(圓周)의 길이는 약 31.4센티미터(10×3.14)이다. 파리의 위치 A와 꿀의 위치 B는 원통의 바닥에서 17센티미터, A와 B의 간격은 원통의 반주(半周)인 약 15.7센티미터이다.

그런데 파리가 우선 도달해야 할 원통의 상단의 한 점을 찾기 위해 다음과 같은 방법을 취해 보자. B점에서 직사각형의 상변을 향해서 수직선을 그어 변의 바깥쪽에 등거리의 점 C를 구한다. (그림 2).

이 C점과 A점을 연결하면 D점을 구할 수가 있는데, 이 점은 파리가 원통 안쪽의 B점으로 갈 때에 통과해야 할 점이며, ADB의 선은 파리가 꿀에 도달하기 위한 최단거리가 된다.

여기서 이 전개도를 다시 말아서 본래의 원통으로 다시 만들어 보면 그림 (3)과 같이 파리가 꿀이 있는 곳으로 가장 빨리 갈 수 있는 길은 AB와 같이 되는 것이다.

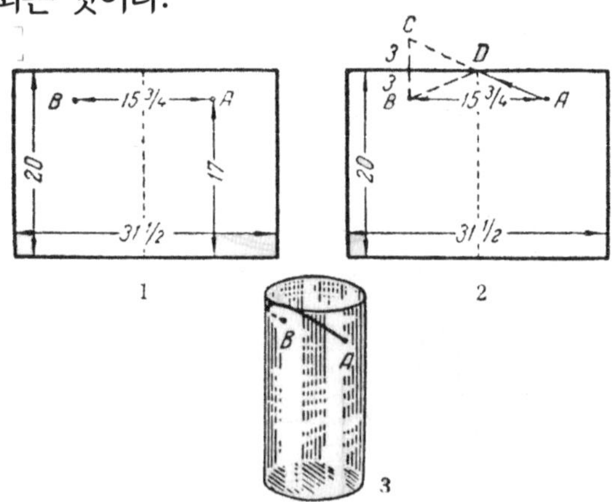

Q27. 벌레의 진로

길가에 가로 30센티, 세로 20센티, 높이 20센티의 화강암이 놓여 있는데, 한 마리의 벌레가 화강암 모서리 끝 쪽에 서 있다. 이 벌레는 지금 그림의 A 지점에서 B 지점으로 가는 가장 가까운 길은 어느 길인가 하고 머리를 짜내고 있다.

어느 길로 가는 것이 가장 가까운 길일까?

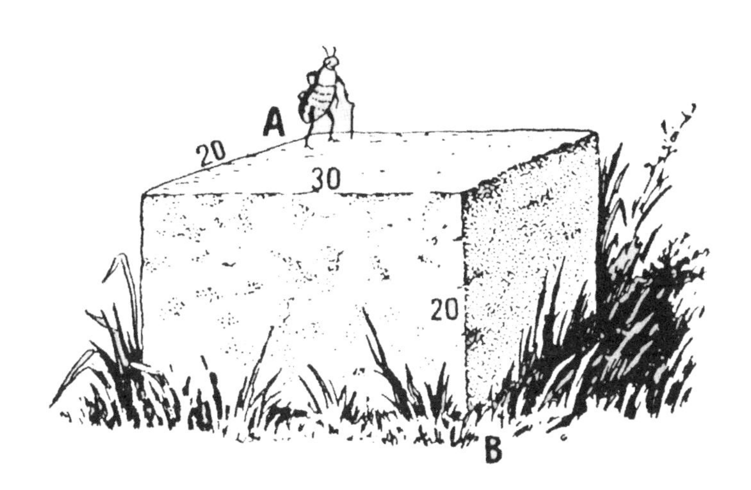

【해답】

만일 돌의 윗면을 수직으로 일으켜서 정면과 동일 평면에 있도록 하면 A와 B의 위치는 왼쪽 그림과 같이 된다. 따라서 A와 B를 연결한 선이 가장 짧은 길이 된다. 그리고 그 길이는 AC가 40센티, BC가 30센티의 직각삼각형의 사변이므로 피타고라스의 정리에서 50센티라는 결과가 된다.

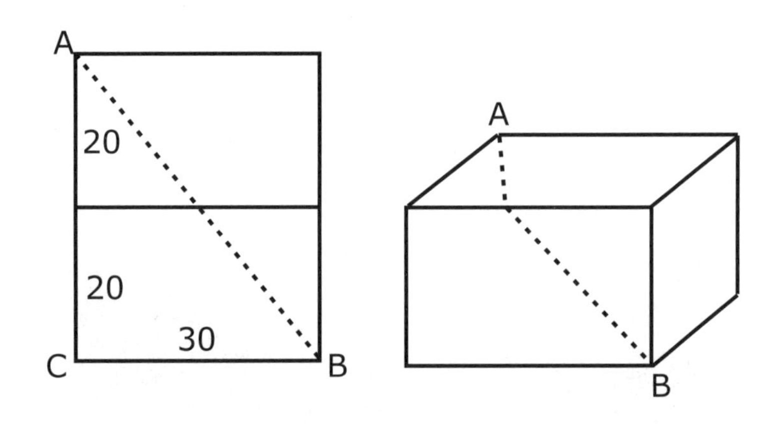

Q28. 어느 정도 되겠는가?

다음 문제는 암산으로 풀어 보라. 1 mm^3의 6면체를 전체의 부피가 1 m^3가 될 때가지 한 개 한 개 세로로 쌓아 올리면 어느 정도의 높이가 되겠는가?

【해답】 1,000km

결과부터 말하자면, 놀랍게도 1,000킬로미터가 된다. 그러면 한번 계산을 해보자.

1 m^3는 밀리미터로 환산하자면 1,000,000,000mm^3이다. 이 6면체를 1 mm^2의 밑바닥의 기둥이 된다는 것이니까 이 부피를 밑바닥의 면적으로 나누면 기둥의 높이는 1,000km가 되는 것이다.

Q29. 벌의 여행

한 마리의 벌이 자기의 벌집에서 상당히 멀리까지 나갔다. 벌은 벌집에서 남쪽으로 향해 똑바로 날아 개울을 건너서 한 시간 후에는 향기로운 클로버가 피어 있는 언덕에 도착했다. 여기서 꽃에서 꽃으로 옮겨 날면서 벌은 30분간 지냈다.

그런데 다음에는, 어느 날 눈여겨보았던 꽃피는 낙엽관목이 울창한 들을 찾아가려 했다. 그 들은 언덕 서쪽에 있다. 벌은 거기서 곧바로 서둘렀다. 45분 정도 지나서 벌은 낙엽관목이 울창한 곳에 도착했다. 낙엽관목은 활짝 피었다. 꽃에서 꽃으로 날아다니는 데에 1시간 반이 필요했다. 일을 마치자 벌은 똑바로 자기 벌집으로 돌아왔다.

자, 그러면 벌은 벌집에서 나와서 돌아올 때까지 몇 시간을 소비했을까? 단, 벌이 나는 속도는 항상 일정하다.

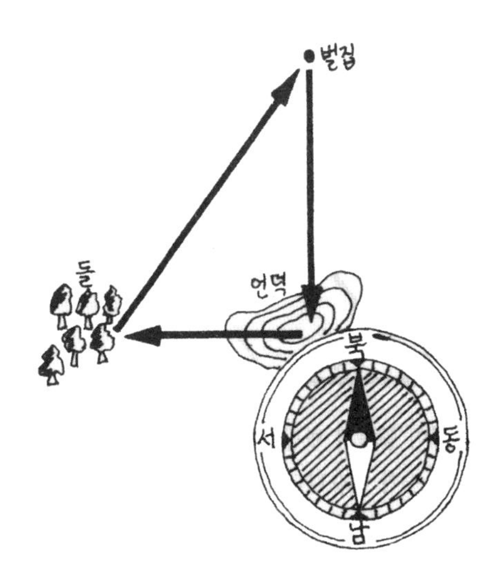

【해답】 5시간

이 문제는 벌이 들에서 벌집까지 돌아가는 데 소요되는 시간을 알면 해결할 수가 있다. 여기서 알고 있는 벌의 비행시간을 보면, 벌집 A에서 정남쪽의 언덕 B까지의 60분, 언덕 B에서 정서쪽 들 C까지가 45분이다.

그런데 알 수 없는 것은 직각삼각형 ABC 가운데서 들 C에서 벌집 A로 향하는 사변 CA이다. 벌의 나는 속도는 항상 일정하다고 가정되어 있으므로 피타고라스의 정리에 의해서 CA는 75분이라는 결과가 나온다.

따라서 전 비행시간에다, 언덕에 있던 시간인 30분과 들에 있던 시간 1시간 반을 더하면 벌이 소비한 시간은 5시간이 된다.

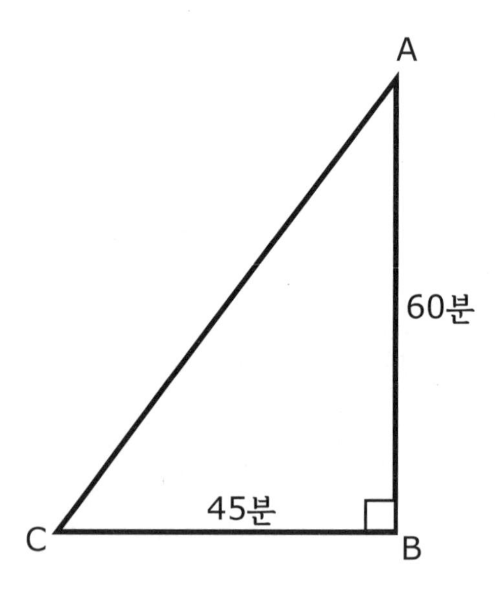

Q30. 장난감 벽돌

러시아에서 건축에 사용하는 벽돌은 그 한 개의 중량이 4킬로그램이다.

이 벽돌과 같은 재료로 만든 1/4 크기의, 다시 말해서 가로, 세로, 높이가 1/4 치수인 장난감 벽돌의 중량은 몇 킬로그램일까?

【해답】 62.5g

장난감 벽돌의 무게는 실물의 4분의 1, 말하자면 1 킬로그램이라 생각하면 큰 잘못이다. 장난감 벽돌의 부피는 실물의 64분의 1(1/4×1/4×1/4)이다. 따라서 장난감 벽돌의 무게는 4킬로그램의 64분의 1인 62.5g이 되는 것이다.

Q31. 적도(赤度)를 따라서

만일 우리들이 적도를 따라서 지구를 일주할 수가 있다고 하면 적도에 수직으로 서 있는 몸의 제일 상단, 말하자면 정수리는 발바닥보다도 긴 거리를 움직이기 마련이다. 그러면 그 거리의 차는 어느 정도일까? 단 사람의 키는 175cm이다.

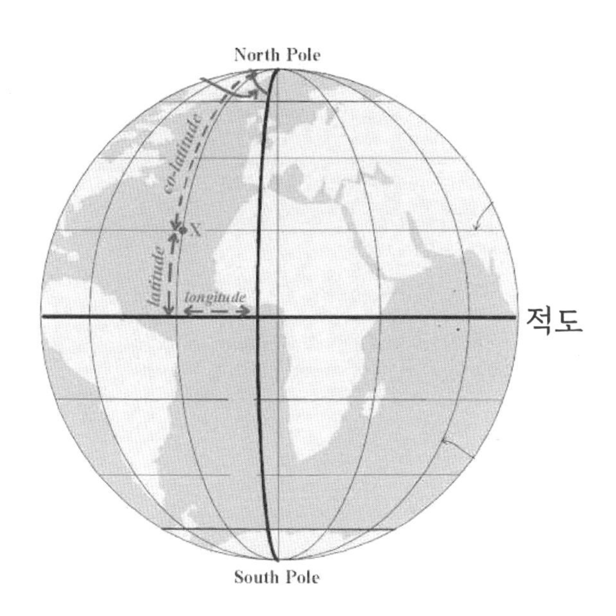

【해답】 약 1,100cm

인간의 신장을 175센티미터, 지구의 적도 반경을 R이라 하자. 그러면 지구 적도의 길이 A는 2π R, 인간의 정수리가 그리는 원의 길이 B는 2(R+175)가 된다. 그래서 B—A=2π ×175=1.100cm, 이것이 거리의 차(差)이다. 보다시피 결과는 지구의 반경과는 전혀 관계가 없다.

제4장. 중량과 계량법

Q32. 비 누

천평의 왼쪽 접시에 1개의 고체비누가 있고, 오른쪽 접시에 그것의 4분의 3 크기의 비누와 4분의 3킬로그램의 분동이 놓여 있다. 이것으로 양쪽의 무게는 평형을 이루었다.

그렇다면 고체비누 하나의 무게는 얼마일까?

이 문제는 간단하므로 종이나 연필을 사용하지 말고 암산으로 해보라.

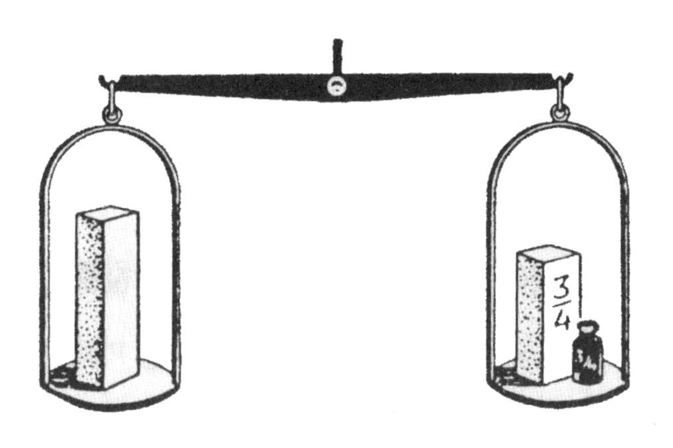

【해답】 3킬로그램

그림을 보면 비누 1개의 무게는 「비누 3/4개+3/4kg」 이다. 또 비누 1개는 「비누 3/4개+비누 1/4개」 이다. 다시 말해서 비누 1/4개=3/4kg이 된다는 것이다. 따라서 비누 1개의 무게는 3/4킬로그램의 4배 다시 말해서 3킬로그램이 된다.

Q33. 어미고양이와 아기고양이

저울 위에 3마리의 어미고양이와 4마리의 아기고양이를 올려놓았더니 그 무게가 13킬로그램이었다. 그래서 이번에는 어미고양이를 4마리, 아기고양이를 3마리 올려놓았더니 무게가 15킬로그램이 되었다. 어미고양이의 무게는 모두 같고, 아기고양이들의 무게도 모두 같다. 어미고양이, 아기고양이 각기 1마리의 무게는 얼마일까? 이 계산도 암산으로 해보라.

【해답】 어미고양이 3킬로그램, 아기고양이 1킬로그램

양쪽 저울의 눈금을 보면 아기고양이 한 마리를 내려놓고 어미고양이 한 마리를 올려놓음으로써 눈금이 2킬로그램이 증가하고 있다. 여기서 어미고양이가 아기고양이보다 2킬로그램 무겁다는 것을 알 수 있다.

다음에 4마리의 어미고양이 전부를 아기고양이로 바꾸면 아기고양이는 7마리가 되고, 눈금도 8킬로그램(2kg×4) 가벼워진다.

다시 말해서, 아기고양이 7마리를 올려놓은 저울의 지침은 눈금의 7을 가리키게 될 것이다.

다시 말해서, 아기고양이 한 마리의 무게는 1킬로그램이 되는 것이다. 따라서 어미고양이 한 마리의 무게는 3킬로그램이다.

이것은 방정식으로 풀면, 어미고양이를 x, 아기고양이를 y라 하고,

$3x+4y=13, \quad 4x+3y=15$

$x=3, \quad y=1$

따라서 어미고양이는 3킬로그램, 아기고양이는 1킬로그램.

Q34. 조가비와 구슬

아래 그려진 그림을 보자. 저울에 올려진 1개의 조가비와 3개의 집짓기장난감은 12개의 구슬과 평형을 이루고 있다. 또 조가비 1개는 집짓기장난감 1개와 구슬 8개와 평형을 이룬다. (저울에 다는 것은 생략했다.)

그렇다면 조가비 1개와 평형을 이루도록 비어 있는 접시 위에 구슬을 올려놓는다면 몇 개의 구슬을 올려놓아야 할까?

【해답】

A의 평형과 B의 평형을 보면 이 양쪽의 평형에서 알 수 있듯이, A에서의 조가비를 집짓기장난감 1개와 구슬 8개로 바꿔 놓을 수가 있다. 그러면 집짓기장난감 4개와 구슬 8개는 구슬 12개와 평형을 이루게 된다.

여기서 양쪽의 천평 접시에서 구슬 8개씩을 빼내면 나머지 왼쪽 접시의 집짓기장난감 4개와 오른쪽 접시의 구슬 4개로 평형을 이루게 될 것이다. 바꾸어 말해서 집짓기장난감 1개와 구슬 1개는 무게가 같다는 것이다.

다음에 B의 평형에서 오른쪽 접시에는 집짓기장난감과 구슬이 놓여 있다. 이 집짓기장난감 1개를 구슬 1개와 바꾸어 놓으면 조가비 1개는 구슬 9개와 평형을 이루게 된다.

Q35. 과일

앞의 문제와 비슷한 문제가 또 하나 있다. 이번에는 과일로서, 사과 3개와 배 1개는 복숭아 10개와 평형을 이룬다. 또 복숭아 6개와 사과 1개는 배 1개와 평형을 이룬다.

그럼 배 1개와 평형을 이루게 하려면 몇 개의 복숭아가 필요할까? 단, 모든 복숭아는 무게가 같다.

【해답】 9개

서양배 1개는 사과 1개와 복숭아 6개와 평형을 이루고 있으니까 위 그림의 왼쪽 접시에 올려 있는 서양배를 사과 1개와 복숭아 6개로 바꾸면 사과 4개와 복숭아 6개는 오른쪽 접시의 복숭아 10개와 평형을 이루게 된다. 따라서 양쪽 접시에서 복숭아 6개를 빼내면 나머지 사과 4개는 복숭아 4개와 평형을 이루게 된다.

사과 1개의 무게는 복숭아 1개의 무게와 같기 때문에 배 1개는 복숭아 7개와 평형을 이루게 되는 것이다.

Q36. 컵은 몇 개?

이번에도 평형에 관한 문제인데, 물건의 수가 조금 늘었다. 그림을 보면 알 수 있듯이, 병 1개와 컵 1개는 물병 1개와 평형을 이루고 있다. 병 1개는 컵 1개와 접시 1장, 또 물병 2개는 접시 3장과 평형을 이루고 있다. 그렇다면 병 1개는 몇 개의 컵과 평형을 이룰 수 있을까?

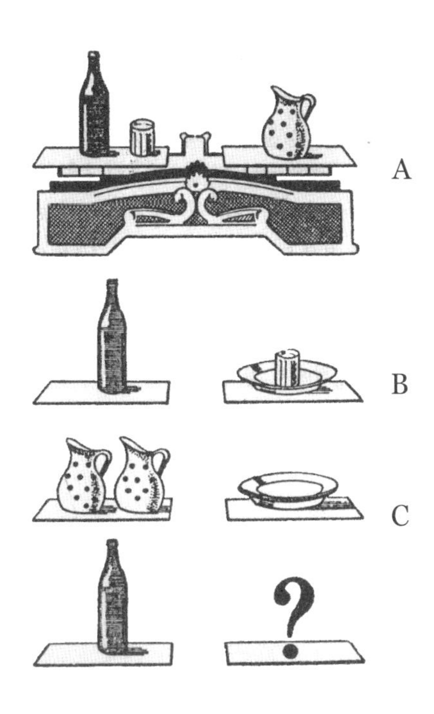

【해답】

이 문제를 푸는 데는 여러 가지 방법이 있지만, 여기서는 그 중 한 가지 예만을 들어 보기로 하자.

우선 C의 평형에서 물병 전부를 컵과 병으로 바꾸어 놓는다. (이렇게 바꾸어 놓을 수가 있는 것은 A의 평형을 보면 알 수 있다.)

그러면 3개의 접시는 병 2개, 컵 2개와 평형을 이룬다. 다음에 병 2개를 컵과 접시하고 바꾸어 놓으면(B의 평형을 이용해서) 접시 3개는 컵 4개와 접시 2개하고 평형을 이룬다는 것을 알게 된다.

따라서 접시 1개는 컵 4개와 평형을 이루게 된다. 그러면 B의 평형에서 접시를 컵과 바꾸어 놓으면 병 1개는 컵 5개와 평형을 이루게 된다.

Q37. 분동과 망치

2킬로그램의 설탕을 1봉지에 200그램씩 들어가는 설탕봉지에 넣어서 10봉지를 만들려고 하는데, 200그램짜리의 분동이 없고, 500그램짜리 분동과 900그램짜리 망치가 있을 뿐이다.

이 분동과 망치를 이용해서 설탕을 10봉지에 똑같이 담기 위해서는 어떻게 하면 될까?

【해답】

우선 천평의 한쪽 받침대에 망치를 올려놓고 다른 받침대에는 분동 외에 양쪽 받침대가 평형을 이루게 될 때까지 설탕을 올려놓는다. 이 설탕의 무게는 400그램이다(900－500). 이런 조작을 3번 반복하면 남은 설탕도 400그램이 된다. {2,000－(4×400)}

그런데 이 400그램의 설탕을 200그램씩 반으로 나누는 작업을 하지 않으면 안 되는데, 그러기 위해서는 분동이나 다른 것을 이용할 필요 없이 다만 천평의 양쪽 받침대 위에다 양쪽이 평형을 이룰 때까지 400그램의 설탕을 나누어서 올려놓으면 된다.

Q38. 계산을 요령 있게

한 개 무게가 89.4그램인 물건이 있다. 이것을 100만 개 합치면 그 총 중량은 얼마가 될까? 이 계산을 요령 있게 암산으로 해보라.

【해답】

89.4에 1,000,000을 곱하는 것은 서투른 방법이다.

1,000,000은 1,000×1,000이다. 그램을 1,000배 하면 킬로그램, 킬로그램을 1,000배 하면 톤.

따라서 89.4그램의 1,000배는 89.4킬로그램, 그것의 1,000배는 89.4톤, 다시 말해서 89.4그램의 100만 배는 89.4톤이다.

Q39. 벌꿀과 등유

어느 상점에 한 손님이 병 2개를 가지고 와서 각기 병에 벌꿀과 등유를 가득 담아 달라고 했다. 상점 주인은 벌꿀과 등유를 병에 가득 담았는데, 깜빡 잊고 빈 병의 무게를 달지 않았던 것이다. 상점 주인은 2개의 병은 무게나 용량이 모두 같다는 손님의 설명을 듣고 벌꿀이 들어 있는 병과 등유가 들어 있는 병을 저울에 올려놓았다.

벌꿀 쪽은 병을 포함해서 500그램, 등유 쪽은 350그램이었다.

"벌꿀의 무게는 등유의 2배이므로 빈 병의 무게는 간단히 알 수 있죠."라고 주인은 말했다.

그러면 이 빈 병의 무게는 얼마가 되겠는가?

【해답】 200그램

이 문제를 푸는 데 몇 가지 방법이 있지만 그 중의 한 예를 들어 보자.

{벌꿀의 무게+병 1개의 무게}－{등유의 무게+병 1개의 무게}

즉, 500－350=150 이다.

이렇게 해서 등유의 무게를 알 수 있다. 왜냐하면 벌꿀의 무게는 등유 무게의 2배이므로 벌꿀 병에는 한쪽 등유 병의 2배 양의 등유가 들어 있다는 것도 생각할 수가 있기 때문에 여기에서 병과 함께 한 병분의 등유를 빼내면 한 병분의 등유가 남게 된다. 이것이 150 이다.

따라서 350그램에서 150그램을 빼면 병의 무게는 200그램이 되는 것이다.

Q40. 옮겨 담기

당신 앞에 4리터 용량의 우유가 가득 들어 있는 병이 놓여 있다. 당신은 이 우유를 두 사람의 친구에게 2리터씩 나누어주어야 한다. 그런데 주위에는 용량 2.5리터와 1.5리터의 빈 병밖에 없다. 정말 난처하게 되었다. 그렇지만 병 3개의 용량은 알고 있으니까, 3개의 병에 우유를 몇 번이고 옮겨 담으면서 2리터씩 나누어 담을 수는 없을까?

【해답】

우선 맨 처음, 우유를 4리터 병에서 2.5리터 병에 옮긴다. 그러면 4리터 병에는 1.5리터의 우유가 남는다.

다음에 2.5리터 병에서 1.5리터 병으로 우유를 옮긴다. 그러면 2.5리터 병에는 1리터의 우유가 남는다.

이렇게 해서 2.5리터 병에 2리터의 우유가 남도록 7회 옮겨 넣으면 4리터의 우유를 반씩 나눌 수가 있다. 그 바꾸어 옮기기의 순서를 표로 나타내면 다음과 같다.

	4ℓ	$1\frac{1}{2}$ℓ	$2\frac{1}{2}$ℓ
1회	$1\frac{1}{2}$		$2\frac{1}{2}$
2회	$1\frac{1}{2}$	$1\frac{1}{2}$	1
3회	3		1
4회	3	1	
5회	$\frac{1}{2}$	1	$2\frac{1}{2}$
6회	$\frac{1}{2}$	$1\frac{1}{2}$	2
7회	2		2

제5장. 수는 마술사

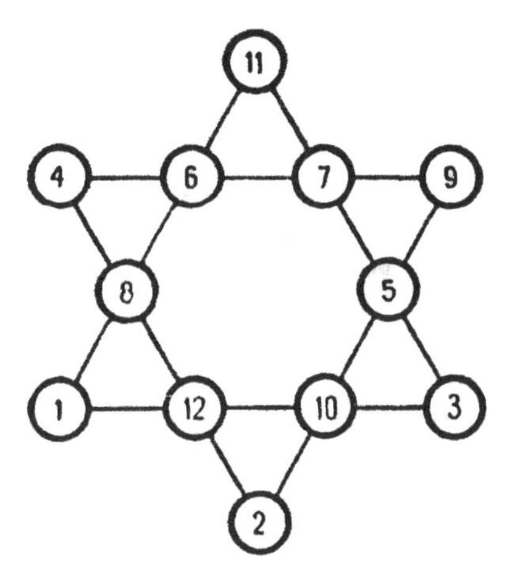

Q41. 마법의 성진(星陣)

이 그림은 삼각형을 2개 서로 겹쳐서 만든 6개의 뿔이 있는 6각성(星)이다. 각 선의 교차점에 있는 12개의 원에는 1에서부터 12까지의 수가 제각기 흩어져 들어 있지만, 각 열(전부 6열)의 수의 합계는 모두 26이다. 그런데 별의 각 뿔에 있는 원 속의 수를 합하면 30이다. 이것만 가지고는 마법이라 말할 수는 없으므로 이 각기 뿔에 있는 원 속의 수의 합계도 26이 되도록 수를 바꾸어 넣어서 마법의 성진(星陣)을 만들어 보라.

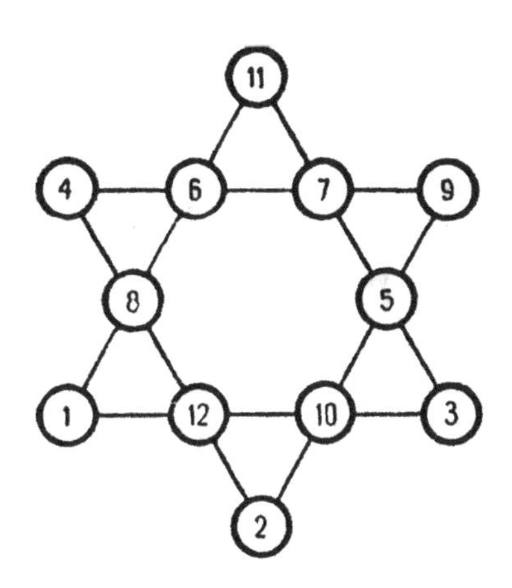

【해답】

수의 배치 개소를 가급적 쉽게 알아내기 위해서 다음과 같이 생각해 보자. 아무튼 이 별 첨단에 위치하는 수의 합을 26으로 하지 않으면 안 된다. 그런데 이 별에 있는 모든 수의 합은 78이다. 따라서 별 안쪽의 6각형에 위치하고 있는 수의 합을 52(78—26)로 하지 않으면 안 된다. 그리고 문제의 그림에 있는 2개의 큰 삼각형의 하나를 보면, 삼각형의 각 변의 합은 26이다. 그 3변의 합계는 78이니까 삼각형의 3개의 각에 있는 수는 합산할 때 두 번 계산되어 있다.

그런데 별모양의 안쪽 6각형에 배치하는 각 수의 합은 52이니까 별모양의 각 꼭짓점(즉, 두 삼각형의 각 꼭짓점에 배치할 수의 합은 78—52=26이 된다.

그런데 이 수는 2개의 3각형에 포함되어 있다. 따라서 한 삼각형의 3개의 각에 있는 수의 합은 13이 된다.

그런데 이 13을 세 개로 나누어서 삼각형의 세 각에 배치하여야 한다. 하나의 수는 12도 11도 아니다(같은 수는 두 번 사용할 수가 없기 때문에). 따라서 10 이하이다. 그래서 각 하나에 10을 넣으면 다른 각은 1과 2라는 결과가 된다. 여기에 있는 해답 그림은 이런 식으로 만든 것이다.

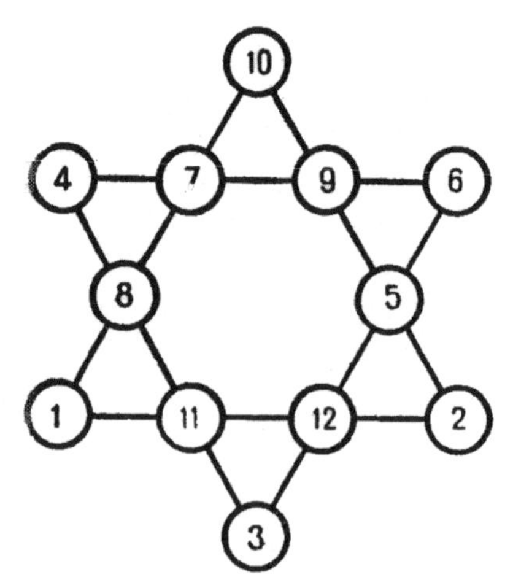

Q42. 삼지창

여기에 그려져 있는 삼지창은 13개의 사각형으로 나누어져 있다. 이 각 사각형 ▢ 안에 1에서부터 13까지의 수를 넣어, A, B, C의 각 열에 있는 수의 합계와 옆 D의 열에 있는 수의 합계가 모두 같게 되도록 연구해 보자.

삼지창이란 그리스신화 속의 해신(海神) 포세이돈이 손에 들고 있는 무기로서, 포세이돈의 상징이기도 합니다.

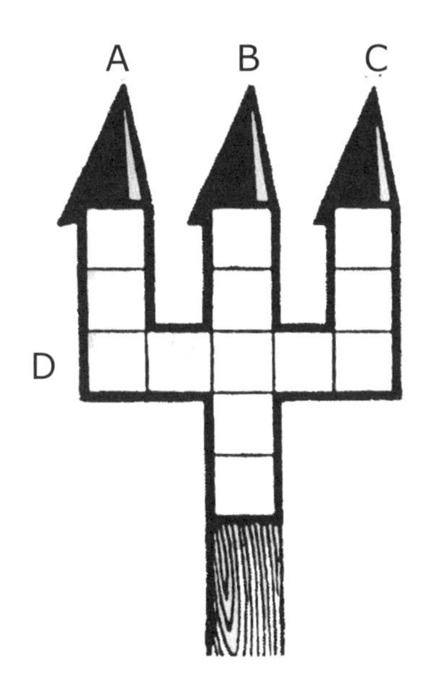

【해답】 아래 그림과 같다.

A에서 D까지 각 열의 교차 지점은 3개 있고, 여기의 수는 2회 계산된다는 것에 주의해야 한다.

1에서 13까지의 수의 합은 91이니까 4개의 열은 각각 수의 합이 25가 된다.

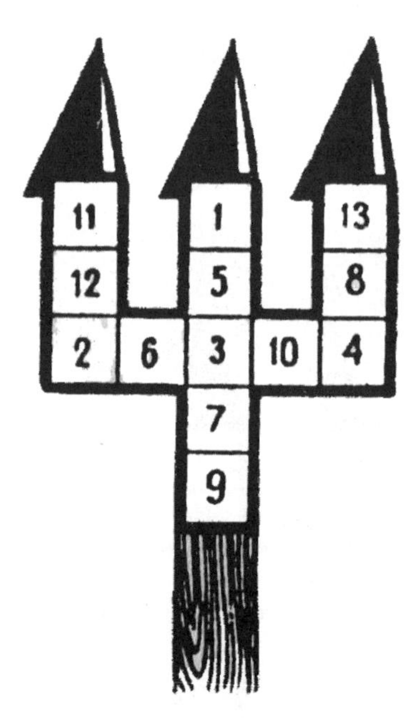

Q43. 수의 삼각형

여기에 9개의 원으로 삼각형이 만들어져 있다. 이 원 속에 1부터 9까지의 연속수를 넣어서 각 변의 합계가 모두 20이 되도록 하라.

오른쪽에 그려진 수의 삼각형은 한 예로서, 각 변의 각 합계수를 17로 한 것이다.

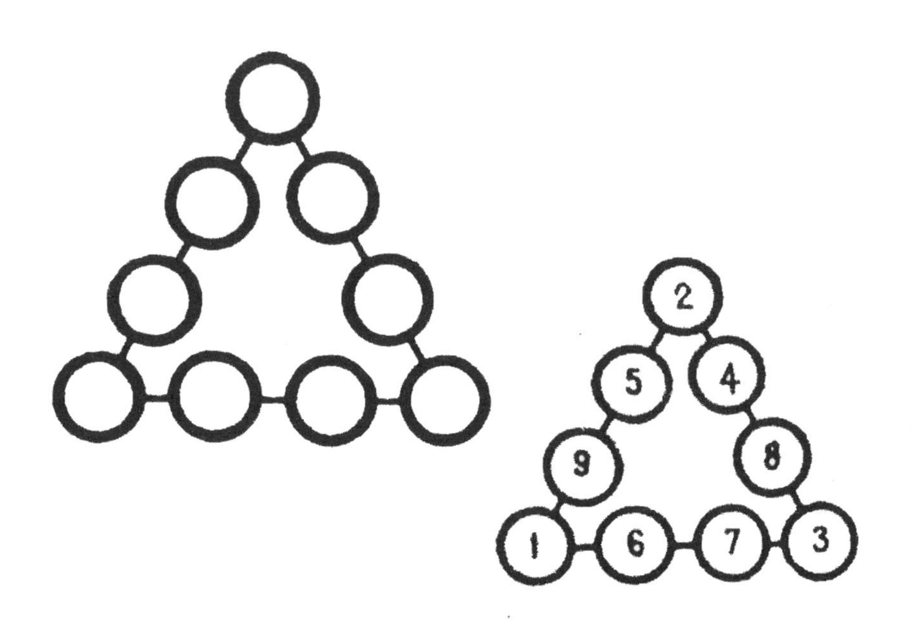

【해답】

아래 그림은 해답의 한 예이며, 삼각형 각 변의 중간에 있는 2개의 수를 바꾸어 넣으면 수의 합은 같아도 다른 조합이 된다.

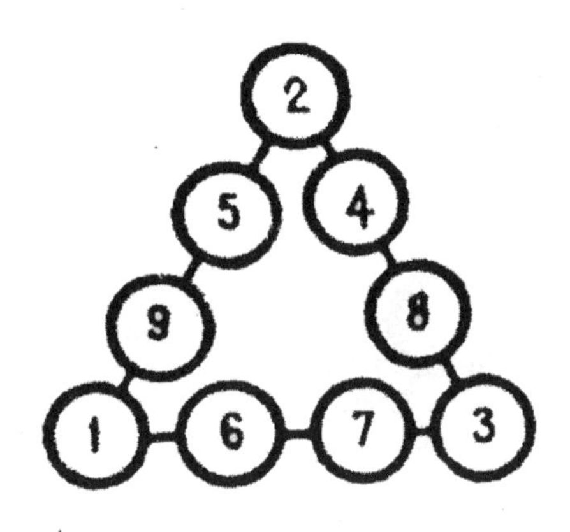

Q44. 팔각성(八角星)

4각형 2개를 겹쳐 놓으면 그림과 같은 8각의 별(星)이 된다. 각 선이 교차하는 점에 원이 그려져 있는데 각 선상에 있는 원의 수는 어느 것이나 4개이고, 그 총수는 16개다.

여기서 16개의 원에 1에서 16까지의 수를 넣는데, 각 선상의 4개 원에 넣은 수의 합계가 어느 것이나 34가 되도록 하기 위해서는 각 원에 어떤 수를 넣으면 될까?

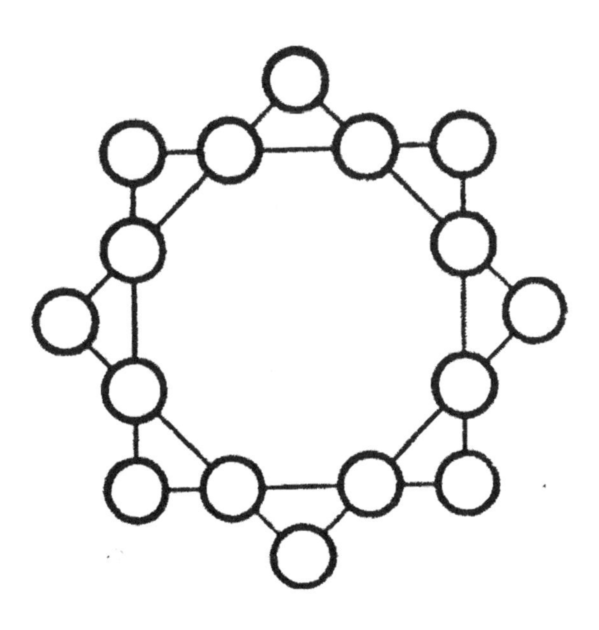

【해답】

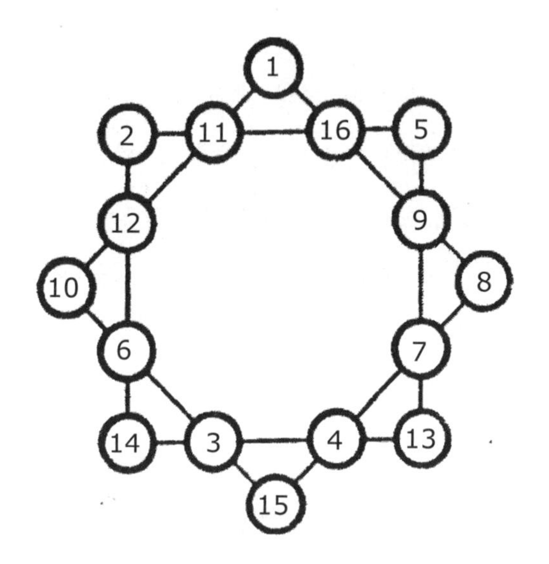

Q45. 수의 바퀴

이것도 원에 수를 넣는 놀이인데, 지금까지의 것과는 약간 취향이 다르다. 9개의 원에 역시 1에서부터 9까지의 수를 넣게 되는 것인데, 이 경우 수를 넣는 방법은 중심에 있는 원도 포함해서 각기 직경선상에 있는 원(합계 3개)에 넣은 수의 합계가 어느 것이나 15가 되게 하는 것이다.

단, 원주 상의 수의 합계는 얼마가 되어도 상관없다. 그러면 각 수를 어떻게 배치하면 좋을까?

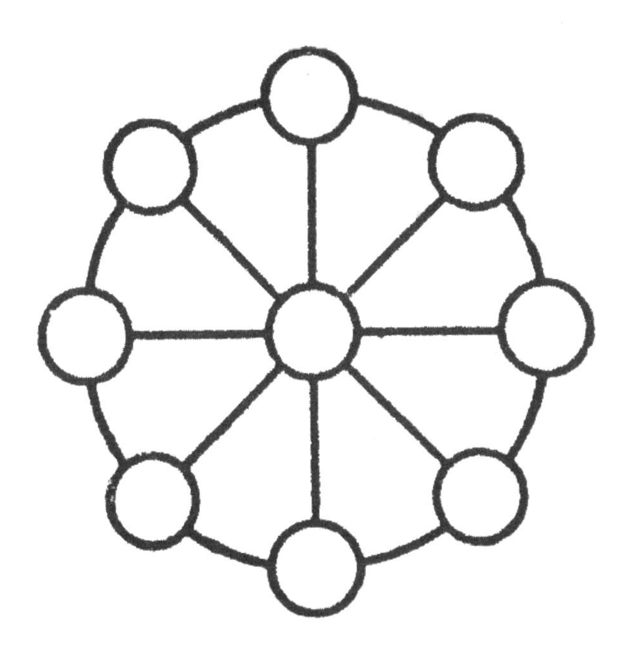

【해답】

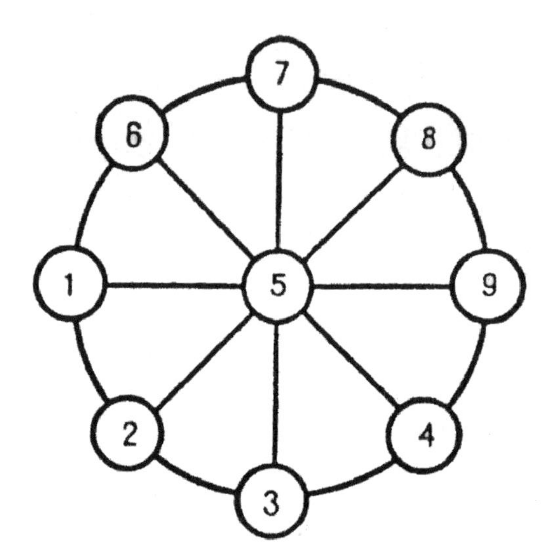

Q46. +와 ―를 사용하자

1부터 7까지 연속수를 옆으로 나열해서 쓴다. (1 2 3 4 5 6 7처럼)

이 숫자 사이에 +와 ―부호를 넣어 합산하면 재미있는 수치가 된다. 예를 들면 다음과 같다.

12+34-5+6―7=40

그러면 합계를 55가 되게 하기 위해서는 어느 숫자 사이에 +와 -를 넣으면 될까?

단, 숫자의 순서를 바꾸어서는 안 된다.

【해답】

$$\begin{cases} 123+4-5-67=55 \\ 12-3+45-6+7=55 \\ 1-2-3-4+56+7=55 \end{cases}$$

Q47. 숫자를 10개 사용해서

0부터 9까지의 연속수를 사용해서 답이 100이 되는 식을 만들어 보라. 덧셈, 뺄셈, 곱셈, 나눗셈—어떤 계산 방식을 사용해도 상관없다.

단, 같은 숫자는 한 번밖에 사용할 수 없다. 이 식은 한 예이지만, 이 밖에도 적어도 3가지 식을 만들 수 있을 것이다.

예) $70+24+9\div18+5+3\div6=100$

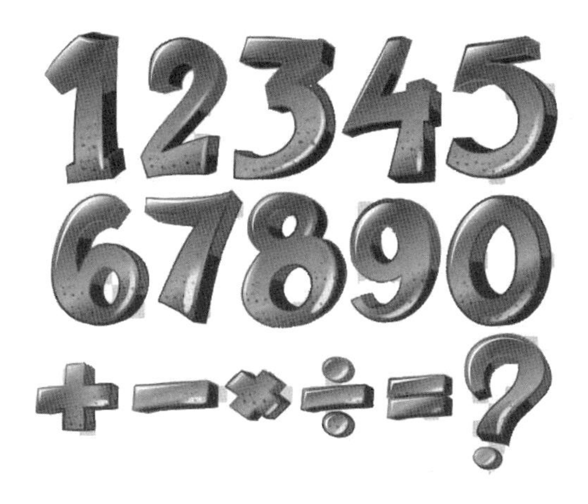

【해답】 이 문제에서는 예시한 식 외에 다음 3가지 식을 만들 수 있다.

80+27÷54+19+3÷6=100

87+9+4÷5+3+12÷60=100

50+1÷2+49+38÷76=100

Q48. "1"

이번에는 0부터 9까지의 숫자를 사용해서 답이 "1"이 되는 식을 만들어 보라.

단, 숫자를 제곱의 지수로서 사용해도 상관없다.

【해답】 $\begin{cases} \frac{148}{296}+\frac{35}{70}=1 \\ 123456789^0 \end{cases}$

1은 2개의 분수의 합으로써 나타낼 수 있지만, 수학을 안다면, 어떤 수도 그것이 0 제곱은 1이라는 점에서 0을 0 제곱의 의미로 사용할 수도 있다.

Q49. "2"를 5개 사용해서

2를 4개 사용해서 답이 111이 되는 식을 만들어 보면 222/2=111과 같이 된다. 여기서 2를 5번 사용해서 답이 11, 15, 28, 12321(이 숫자는 반대로 읽어도 같다)이 되는 식을 만들어 보라. (답이 15가 되는 식은 6개 만들 수 있다.)

식을 만드는 데 있어서, 2를 제곱을 나타내는 수로서 사용할 수도 있다.

【해답】 $\frac{22}{2}+2-2=11$

$(2+2)^2-\frac{2}{2}=15$

$(2\times2)^2-\frac{2}{2}=15$

$2^{2+2}-\frac{2}{2}=15$

$\frac{22}{2}+2\times2=15$

$\frac{22}{2}+2^2=15$

$\frac{22}{2}+2+2=15$

$22+2+22=28$

$(\frac{222}{2})^2=111^2=12321$

Q50. "3"을 4개 사용해서

답이 12가 되는 식을 만드는 것은 아주 간단합니다. 15, 18이 되면 좀 더 복잡한 계산식이 된다.

15=(3+3)+(3×3)

18=(3×3)+(3×3)처럼.

여기서 이번에는 같은 방법으로 답이 5가 되는 식을 만들려고 한다면 여러분은 아마 상당히 골똘히 생각하게 될 것이다. 그 식은,

$5=\frac{3+3}{3}+3$

그러면 여기에서 3을 4번 사용해서 답이 1부터 10까지, 각각의 수가 되는 식을 만들어 보라.

【해답】 $1=\frac{33}{33}$ $4=\frac{3\times3+3}{3}$

$2=\frac{3}{3}+\frac{3}{3}$ $6=(3+3)\times\frac{3}{3}$

$3=\frac{3+3+3}{3}$

7부터 10까지는 각자 해보자.

Q51. "3"을 5번 사용해서

3을 5번 사용하면 이런 식을 만들 수 있다.

$33 \times 3 + \frac{3}{3} = 100$

마찬가지로 3을 5번 사용해서 답이 10이 되는 식을 만들 수도 있다. 어떤 식이 될까?

【해답】 $\frac{3\times3\times3+3}{3}=10$

$\frac{3^3}{3}+\frac{3}{3}=10$

$\frac{33}{3}-\frac{3}{3}=10$

Q52. 이상한 분수

$$\frac{6729}{13458}$$

여기에 쓰인 분수를 잘 보자. 여기에는 1부터 9까지의 연속수가 분자와 분모로 나누어져 나열되어 있다. 계산해 보면, 이 분수는 1/2이 된다.

이와 똑같이 해서 1부터 9까지의 수를 전부 사용해서(단, 어떤 수도 1회 이상 사용해서는 안된다) 답이,

$\frac{1}{3}$, $\frac{1}{4}$, $\frac{1}{5}$, $\frac{1}{6}$, $\frac{1}{7}$, $\frac{1}{8}$, $\frac{1}{9}$

이 되도록 분수를 만들어 보자.

【해답】

이 문제에서는 분자와 분모에 대한 수의 배분을 여러 가지 생각할 수 있지만 여기서는 그 한 예만을 들어 보자.

$$\frac{1}{3}=\frac{5823}{17469}$$

$$\frac{1}{4}=\frac{3942}{15768}$$

$$\frac{1}{5}=\frac{269}{1345}$$

$$\frac{1}{6}=\frac{2943}{17658}$$

$$\frac{1}{7}=\frac{2394}{16758}$$

$$\frac{1}{8}=\frac{3187}{25496}$$

$$\frac{1}{9}=\frac{6381}{57429}$$

제6장. 걸리버 여행기

Jonathan Swift

《걸리버 여행기》에서

《걸리버 여행기》 중에서 가장 이상한 이야기가 나오는 것은 물론 소인국과 거인국에서 걸리버가 체험한 희귀한 사건이 적혀 있는 페이지일 것이다. 소인국에서는 인간 · 동물 · 식물 · 물품 등 모두가 그 치수(높이, 폭, 두께)는 우리들 나라에 있는 것의 12분의 1이다.

그런데 거인국에서는 그것과는 반대로 12배가 큰 것이다. 《걸리버 여행기(Gulliver's Travels)》의 작가는 특별하게 왜 12라는 수를 선택했는지에 대해서는, 이전에 영국에서는 12진법이 사용되었다는 것을 기억해 내면 과연! 하고 납득이 갈 것이다(이 여행기의 작자는 영국인 조나단 스위프트이다). 12분의 1의 크기라든가 12배가 크다든가 하는 것은 터무니없이 작다든가 크다고 할 정도는 아니다.

그러나 이들 가공의 나라의 갖가지 자연이나 생활환경은 우리들이 매일 살아가는 생활로 경험하고 있는 것과는 전혀 달라서 아주 기묘한 것이다. 이 기묘한 차이는 복잡한 문제를 만드는 재료가 되기도 했다. 여기에서 여러분들에게 까다로운 문제를 제시해 보고자 한다.

Q53. 걸리버의 식료품과 식사

《걸리버 여행기》를 읽으면 소인국의 릴리파트인은 걸리버에게 지급하는 식료품의 기준량을 다음과 같이 정했다.

「……그에게는 매일 릴리파트인의 1,728명분의 식량과 음료수가 지급되겠지.」

또 걸리버는 이렇게도 얘기하고 있다. 「……300인의 요리사가 나를 위해 음식을 만들었다. 내 집 주위에는 조그만 집이 지어졌고 그곳에서 취사를 하고 요리인들도 가족과 함께 거기에 살았다. 식사 때에 나는 20명의 하인들을 식탁 위에 올려놓아 주었다. 그러자 바닥에 있는 100명 정도의 하인들이 대기하고 있으면서 어떤 사람은 음식물이 담긴 접시를 올리고, 어떤 사람들은 포도주나 그 밖의 통을 서로 어깨에서 어깨로 걸친 나무 봉으로 운반했다. 위에 있는 하인들은 내가 원하기만 하면 무엇이든 밧줄과 도르래로 식탁 위에 끌어 올려놓았다…….」

그런데 릴리파트인들은 어떤 계산에서 이렇게 많은 음식물의 양을 정했을까? 또 한 사람의 인간의 식사를 준비하는 데 어떻게 이렇게 많은 하인들이 필요했을까?

걸리버는 키가 큰 릴리파트인보다 고작해서 12배밖에 크지 않았다. 걸리버가 먹는 음식물의 양도 식욕도 릴리파트인의 12배일까?

【해답】

그와 같은 계산은 아주 옳은 것이다. 릴리파트인의 몸 크기는 걸리버의 몸 전체를 12분의 1로 작게 한 것이지만, 부피도 12분의 1이라는 것은 아니고, 부피는 1/1,728(12×12×12)이 된다. 릴리파트인보다 12배 큰 걸리버는 생명을 유지하기 위해 릴리파트인보다 그에 어울리는 음식을 섭취하지 않으면 안된다. 따라서 릴리파트인은 걸리버에게는 자기들의 1,728명분에 상당하는 식량이 필요하다고 계산을 한 것이다.

여기서 걸리버를 위해서 그렇게 많은 요리인이 필요했다는 것도 이해할 수 있다. 1,728명분의 요리를 만드는 데는 한 사람의 릴리파트인의 요리인이 릴리파트인 6인분의 요리를 만들 수 있다고 해서 적어도 300명은 필요했을 것이다. 따라서 하인이 100명 정도 있었다는 것도 납득할 수 있다.

Q54. 소인국의 동물들

「……나를 도시로 보내기 위해서 가장 큰 말이 1,500마리 준비되었다.」

걸리버는 소인국에 관해서 이렇게 말하고 있다.

걸리버와 소인국의 말과의 크기의 차를 고려했다 해도 1,500마리라는 말의 수는 걸리버를 운반하는 데 너무 많다고 생각하지 않는가?

또 소인국의 소와 양에 대해서 걸리버는 묘한 말을 하고 있다.

「닥치는 대로 소와 양을 주머니에 집어넣었다.」

이런 일이 있을 수 있을까?

【해답】

걸리버의 부피는 릴리파트인의 1,728배라는 것은 알았다. 물론 그의 체중도 그만큼 무겁다는 것이다. 그를 말로 운반하는 것은 어른 1,728명의 릴리파트인을 한 번에 운반하는 것과 마찬가지로 대단한 일이다. 이런 점에서 걸리버를 태운 운반차에 왜 이렇게 많은 소인국의 말을 맬 필요가 있었는지 이해할 수 있다.

소인국의 동물들은 부피도 역시 1,728분의 1이다. 다시 말해서, 무게도 우리들이 갖고 있는 말보다 그만큼 가볍기 마련이다.

우리들의 소는 높이가 약 1미터 반 정도, 체중은 400킬로그램 정도. 소인국의 소는 높이 12센티미터, 체중이 약 230그램(400kg÷1,728)이다. 따라서 이런 장난감 같은 소를 호주머니에 넣을 수도 있다.

걸리버는 아주 분명히 다음과 같이 말하고 있다. 「가장 큰 소와 말까지도 높이는 고작해서 4~5인치(1인치는 약 2.54센티미터), 양은 1인치 반 정도, 거위 같은 것은 우리나라의 새 정도이니 이런 식으로 작아져 간다. 극히 작은 동물 같은 것은 나의 눈에는 보이지 않았다. 또 나는 우리나라의 파리보다도 작은 종달새의 털을 잡아뜯고 있는 것을 본 적도 있고, 또 젊은 아가씨가 내 곁에서 보이지 않는 바늘에 보이지 않는 실을 꿰고 있는 것도 보았다…….

Q55. 300명의 재봉사

"나를 위해 그 나라풍의 옷 한 벌을 만들도록 명령하여, 300명의 릴리파트 재봉사가 나의 집으로 파견되어 왔다……"

릴리파트인보다 고작해야 12배밖에 크지 않은 인간의 옷을 만드는 데 이렇게 많은 재봉사가 과연 필요했을까?

【해답】

걸리버의 몸 표면적은 릴리파트인의 12배가 아니고 144배(12×12)이다. 릴리파트인 몸의 표면적 1평방인치는 걸리버의 몸 표면적 1평방피트에 상당한다. (1피트는 12인치, 따라서 1평방피트는 144평방인치가 된다)

그렇다면 걸리버의 옷을 만들기 위해서는 릴리파트인 한 사람분 옷감의 144배가 필요하다. 따라서 옷을 만드는 시간도 그만큼 길어진다.

그래서 만일 릴리파트인의 옷 한 벌을 만들려면 한 사람이 이틀 동안 만들어야 한다고 하면 하루에 144벌 분의 옷(다시 말해서 걸리버의 옷 한 벌분)을 만들기 위해서는 300명 정도의 재봉사가 필요할 것이다.

Q56. 거대한 사과와 개암나무 열매

걸리버의 《거인국 여행기》에는 이런 말이 씌어 있다.

「어느 날, 궁정의 몸집이 작은 남자는 나와 함께 뜰로 향했다. 내가 걸어서 숲속의 한 그루 나무 밑에 온 순간을 포착해서, 그는 한 나뭇가지에 뛰어오르자, 나의 머리 위에서 그것을 흔들었다. 그러자 소리가 나면서 술통만큼 큰 사과가 후두둑하고 땅에 떨어졌다. 그 중 하나가 나의 등에 맞아 나는 쓰러졌다.……」

또 어떤 때는 「어느 개구쟁이 초등학생이 나의 머리를 겨냥해서 개암나무 열매를 던졌는데 아슬아슬하게 빗나갔다. 아주 굉장한 힘으로 열매를 던졌기 때문에 나의 머리 따위는 완전히 부서졌을 것이다. 여하튼 우리가 알고 있는 어지간한 수박 정도는 되었기 때문이다.……」

여러분들의 짐작으로는, 거인국의 사과와 개암나무 열매의 무게는 대략 어느 정도였다고 생각되는가?

【해답】

계산을 간단히 하기 위해 우리들이 평소 먹는 사과의 무게를 약 100그램이라고 한다면 거인국에서는 부피가 1,728배니까 약 173킬로그램이라는 결과가 나온다. (러시아의 안토노프 종 사과는 1개 500그램이나 되기 때문에 이것에 상당하는 사과가 거인국에도 있다고 한다면 거인국에서는 864킬로그램에 상당하게 된다)

이런 사과가 나무에서 떨어져 사람의 머리에 맞는다면 생명이 위태롭다.

다음은 개암나무 열매인데, 만일 우리들이 알고 있는 개암나무 열매의 무게를 약 22그램이라 한다면 거인국의 것은 3~4킬로그램이라는 계산이 나온다. 이런 큰 열매라면 그 직경은 10센티미터 정도가 될 것이다. 3~4킬로그램의 딱딱한 물체가 상당한 속도로 떨어져 보통사람의 머리에 맞는다면 머리는 빠개지고 말 것이다.

걸리버는 이런 얘기도 하고 있다.

「거인국의 보통 크기의 우박이 그를 땅바닥에 쓰러뜨렸고, 또 싸라기눈이 그에게 큰 나무 공을 집어던지듯이 등, 옆구리 할 것 없이 온 몸을 가차 없이 마구 때렸다.」

이러한 일은 있을 수 있는 일이다. 왜냐하면 거인국의 우박의 무게는 적어도 1킬로그램은 되었을 테니까.

Q57. 딱딱한 침대

「……보통 소인용 매트리스 500명분이 짐마차로 나의 방에 운반되었고, 거기서 바느질 일꾼들이 작업을 시작하였다. 소인의 매트리스 150명분을 기워 맞추면 내가 누울 수 있는 하나의 요가 되었는데, 그것은 내가 손발을 겨우 펼 수 있을 정도의 것이었다. 이러한 요 4개가 겹쳐진 것이었는데도 이 침대 위에서조차 나는 돌바닥 위에서와 같이 딱딱하게 느끼면서 잠을 잤다.……」

왜 걸리버는 이 침대 위에서 딱딱한 느낌을 받았을까? 또 이 계산은 옳은 것이었을까?

【해답】

계산은 아주 정확하게 행해지고 있다. 만일 릴리파트인의 침대 매트리스의 길이와 폭이 우리들이 사용하고 있는 요의 12분의 1이라 한다면 그 면적은 1/144(12×12)이라는 결과가 된다. 따라서 누워서 자기 위해서는 걸리버에게는 144명분(대략적으로 150명분)의 릴리파트인의 요가 필요했다는 것이다. 그러나 이러한 요는 상당히 얇았고, 우리들 것의 12분의 1의 두께였다. 이런 요를 4매 겹쳐도 편히 잘 수 있는 침대가 될 수 없었던 것이다. 이것도 두께가 우리들 요의 3분의 1에 지나지 않기 때문이다.

Q58. 거인의 반지

걸리버가 거인국에서 가지고 온 것 중에는 그가 말하고 있는 것처럼 "왕비가 스스로 나에게 선물한 금반지"가 있었는데 그 반지라는 것이 "자기의 새끼손가락에서 빼면 마치 목걸이처럼 나의 머리를 통해서 쏙하고 목에 끼워 주었다"고 할 정도의 크기였다.

설사 거인의 것이라고 해도 새끼손가락에서 빼낸 반지가 목걸이로서 걸리버에게 쓸 만했을까? 또 이런 반지는 대략 어느 정도의 무게를 가지고 있을까?

【해답】

사람의 새끼손가락의 직경을 평균 1.5센티라고 하자. 그러면 거인의 새끼손가락 직경은 18센티미터(1.5×12)가 된다. 이런 직경의 반지는 그 원둘레의 길이가 약 56센티미터(18×3.14)는 된다.

이 정도의 크기라면 반지는 보통 크기의 걸리버의 머리를 쉽게 통과할 것이다.

다음에 이런 반지의 무게는, 예를 들어 우리들이 끼는 반지의 무게를 52그램이라 한다면 거인국의 반지는 약 8.6킬로그램 정도가 된다.

Q59. 거인의 책

거인국의 책에 관해서 걸리버는 이렇게 자세히 전하고 있다.

「……독서를 하기 위해 도서관에서 책을 빌릴 수 있는 허가가 내려졌다. 목수는 나를 위해 장소를 이동할 수 있는 목재 계단 같은 것을 만들어 주었다. 그것은 높이가 25피트, 각 디딤판의 폭이 50피트였다.

내가 책을 좀 보고 싶다고 말하면 계단을 책에서 10피트 정도 떨어뜨려 설치해 주고, 펼쳐진 책을 벽에 기대 세워 주었다. 나는 최상단에 오르면 행의 길이에 따라서 다르지만 대개 8보 내지 10보 정도씩 좌측에서 우측으로, 또 그것과는 반대로 걸으면서 위 행에서부터 읽기 시작한다. 먼저 책을 읽어 감에 따라서, 또 행이 나의 눈높이에서 점점 내려감에 따라서 디딤판을 하나하나 내려갔다. 그리고 밑에까지 도달하면 나는 또 다시 올라갔다. 이런 식으로 해서 새로운 페이지를 읽기 시작하는 것이었다. 페이지는 양 손으로 넘겼으므로 수월했다. 종이는 우리가 알고 있는 판지 정도는 아니고 크고 두꺼운 책이라 해도 높이가 고작 18~20피트밖에 되지 않았기 때문이다.……」

걸리버의 이야기에 모순은 없을까?

【해답】

현재 우리들이 보는 책의 크기에서 환산하여 보면 이 걸리버의 얘기는 약간 과장되게 생각된다. 고작해서 세로 3미터, 가로 1미터 반 정도로 계단이 없어도 될 것이고, 왼쪽이나 오른쪽으로 8보든 10보든 걸을 필요도 없을 것이다. 그러나 조나단 스위프트가 《걸리버 여행기》를 쓴 18세기 초에는 표준형 책의 크기는 현대의 것보다 훨씬 컸다. 예를 들면, 러시아의 마그니키가 쓴 《산술》 등은 세로가 30센티미터 가로가 20센티미터 정도이다. 이것을 12배 하여 보면 거인국의 책의 적합한 치수는 가로 240센티미터(약 2미터 50센티미터), 세로 360센티미터(약 4미터)가 된다. 그렇게 되면 사다리 같은 것 없이는 4미터나 되는 책은 읽을 수가 없다.

그리고 《산술》이라는 책의 무게가 가령 1.7킬로그램 정도라면 거인국에서는 약 3톤(1.7×1,728)이라는 계산이 된다. 이 책이 1,000페이지라면 종이의 매수는 500매이니까 1매당 종이의 무게는 약 6킬로그램이 된다. 그러면 이 종이를 걸리버가 손으로 넘기기에는 쉽지 않았을 것이다.

제7장. 착각하기 쉬운 문제

Q60. 쇠사슬

그림과 같이 고리가 3개씩 연결된 쇠사슬 다섯 조가 놓여 있다. 그런데 어떤 사람이 쇠사슬을 대장간에 가지고 가서 그것을 한 줄로 연결하여 달라고 했다.

여기서 대장간 주인은 일을 시작하기 전에 사슬 끝 몇 개를 벌려서 다른 사슬과 연결하면 될까 하고 골똘히 생각했다. 그 결과 그는 4개의 고리 끝을 벌리면 될 것이라고 판단했다.

4개보다 적게 벌려서 사슬을 연결할 수는 없을까?

【해답】

여기에 고리 3개가 연결된 사슬 5쌍이 있는데 그 가운데 4쌍을 연결하는 데는 3개의 고리만 있으면 된다. 한 쌍의 고리를 떼어낸 다음 떼어낸 3개의 고리로 다른 4쌍의 고리를 연결하면 된다.

Q61. 땅파기

다섯 사람의 인부가 도랑을 파고 있다. 5미터를 파는 데 5시간이 걸렸다면 100시간 동안에 100미터를 파려면 몇 사람의 인부를 써야 할까?

【해답】

자칫 잘못하면 이 문제의 속임수에 걸려들게 된다. 5명의 공사인부가 5미터를 파는 데 5시간이 걸린다면 100미터를 100시간 내에 파기 위해서는 100명의 공사인부가 필요하게 된다……라고 생각하기 쉽다. 그렇게 생각했다면 전혀 판단 착오다.

필요한 공사인부는 5명이다.

Q62. 목수와 각목

목수가 큰 각목을 톱으로 켜고 있다. 이 각목은 길이가 5미터인데, 목수가 이것을 가로로 자르는 데 1분 30초가 걸렸다. 그렇다면 이 5미터의 각목을 1미터 간격으로 5토막으로 나누는 데는 어느 정도의 시간이 소요될까?

【해답】

이런 대답을 많이 듣는다. 다섯 개로 나누는 것이니까, 1분 30초×5, 즉 7분 30초라고.

다섯 개로 나누는 것이므로, 자르는 부분은 5군데가 아니고 4군데이다. 따라서 자르는 데 소요된 시간은 1분 30초×4 즉 6분이 된다는 것이다.

Q63. 목수와 조수

6명의 조수와 1명의 목수가 함께 한 가지 일을 했다. 일을 마치고 나서 지불된 임금은 조수 한 사람당 20만원, 목수는 이들 7인의 평균 임금보다 3만원 더 많았다. 그렇다면 목수는 얼마를 받았을까? 암산으로 계산해 보라.

【해답】 23만 5천 원

우선 7명의 평균임금을 구한다. 목수의 임금은 7명의 평균임금보다도 3만원이 많았다고 하니까 이 3만원을 각 조수들에게 똑같이 나누어주면 7명의 평균임금을 알 수 있다. 따라서 조수의 임금 20만원에 5천 원을 더한 20만 5천 원이 7명이 평균임금이다.

목수의 임금은 평균임금보다 3만원이 많기 때문에 목수의 임금은 23만 5천 원이 되는 것이다.

이것을 수식으로 나타낸다면, 목수의 임금을 x라 하면,

$$\frac{200,000 \times 6 + x}{7} + 30,000 = x$$

$\therefore x = 23.5$

즉, 23만 5천 원이 된다.

Q64. 자동차와 오토바이

어느 수리 공장에서 1개월간 자동차와 오토바이를 모두 40대 수리했다. 수리하는 데 차바퀴가 새 것으로 100개 교환되었다. 자동차와 오토바이는 몇 대 수리되었을까?

【해답】 자동차 10대, 오토바이 30대

만일 40대 전부가 오토바이였다면 교환한 차바퀴의 수는 80개이며 20개가 남는다. 이런 나머지가 나온 것은 자동차에도 차바퀴가 2개밖에 달려 있지 않다고 간주해서 오토바이를 포함해서 계산하였기 때문이라 생각할 수 있다.

따라서 자동차 한 대에 부착한 차바퀴 2개의 비율로 20개라는 나머지가 생겼기 때문에 20을 2로 나눔으로써 자동차의 대수가 10대라는 것을 알 수 있다. 따라서 오토바이는 30대이다. 교환한 차바퀴의 총 수는 $4\times10+2\times30=100$이다.

다른 방법으로 풀이를 해보자.

방정식을 만들면, 자동차 대수를 x, 오토바이 대수를 y라고 하면,

$x+y=40 \quad 4x+2y=100$

따라서 $x=10, \quad y=30$

Q65. 감자 씻기

A와 B 두 사람의 요리사가 400개의 감자를 씻게 되었다. A는 1분에 3개를 씻을 수 있는 데 비해 B는 2개밖에 씻을 수 없었기 때문에 A보다 25분 더 작업을 했다.

이 두 사람은 각기 몇 시간 일을 했을까?

【해답】 A : 1시간 10분, B : 1시간 35분

B는 더 많이 일을 한 25분 동안에 50개(2×25)의 감자를 씻었다. 이 50개를 400에서 뺀 350개는 A와 B가 같은 시간에 씻은 개수이다. 두 사람은 1분간에 5개(3+2)를 씻으니까, 두 사람이 350개를 씻는 데 소요된 시간은 70분(350÷5)이다.

따라서 A가 일한 시간은 70분, B가 일한 시간은 95분(70+25)이라는 결과가 된다.

Q66. 두 사람의 타이피스트

두 사람의 타이피스트가 서류를 타이프라이터로(컴퓨터에서는 console typewriter) 타이핑을 하게 되었습니다. 두 사람 중 경험이 많은 쪽은 일을 2시간에 마칠 수 있었지만, 또 한 사람, 경험이 적은 사람은 똑같은 일에 3시간이 걸렸습니다.

그래서 이 타이핑을 가장 단시간에 마치기 위해서 두 사람은 일을 적절히 분담했습니다. 두 사람은 이 일을 몇 시간에 처리할 수 있을까요?

이 타이핑 문제에서는 보통의 풀이 방법과는 다른 색다른 방법이 있을까요?

【해답】 1시간 12분

경험이 많은 타이피스트 A는 경험이 적은 타이피스트 B의 1.5배의 속도로 타이핑하고 두 사람이 동시에 일을 마쳤을 때 A가 한 일의 양은 B의 1.5배가 됩니다. 이것으로서 A는 전체의 3/5을, B는 전체의 2/5를 타이핑했다는 결론입니다.

다음은 A는 전부의 일을 2시간이면 마칠 수 있기 때문에,

A는, 2시간×3/5=1시간 12분.

B는, 3시간×2/5=1시간 12분.

따라서 둘이 함께 타이핑하는 최소 시간은 1시간 12분이다.

Q67. 가루를 계량하다

밀가루가 담겨 있는 5개의 부대 무게를 상점 점원이 저울로 달아야 하는데, 가게에는 저울은 있지만 분동이 부족하여 50킬로그램과 100킬로그램 사이의 무게는 잴 수가 없었다. 밀가루가 담겨 있는 5개의 부대는 모두가 50~60킬로그램 정도의 무게여서 판매원은 어찌할 바를 몰랐다. 각기의 부대를 1쌍씩 해서 달기 시작했다.

5개의 부대로 10쌍의 다른 쌍을 만들 수 있으므로 그 무게를 달았다. 그리고 그 무게가 가벼운 것부터 순서대로 나열해 보면 다음과 같이 되었다.

110kg, 112kg, 113kg, 114kg, 115kg,
116kg, 117kg, 118kg, 120kg, 121kg

그렇다면 각기 부대의 눈금은 얼마가 되겠는가?

【해답】 54kg, 56kg, 58kg, 59kg, 62kg

판매원은 계량한 10쌍(부대의 개수는 20부대)의 무게를 합계를 내는 것부터 계산을 하기 시작했다. 그 합계 1,156kg은 부대 전부(5부대)의 4배가 된다. 다시 말해서, 이 합계 값에는 각 부대의 4배라는 무게가 포함되어 있는 것이다. 따라서 이것을 4로 나누면 무게가 다른 5개 부대의 합계는 289kg이라는 것을 알 수 있다.

그런데 계산하기 쉽도록 무게가 가장 가벼운 부대부터 무거운 순으로 1, 2, 3, 4, 5라고 번호를 붙여 보면 110kg은 1번과 2번과의 무게, 112kg은 1번과 3번, 120kg은 3번과 5번, 가장 무거운 121kg은 4번과 5번과의 무게가 된다.

또 1번과 2번과의 무게와 4번과 5번과의 무게를 합산하면 231kg(110+121=231)이 되고 이것은 3번 부대의 무게가 포함되어 있지 않다. 따라서 1번부터 5번까지의 부대 무게의 합계(289kg)에서 231kg을 빼면 3번 부대의 무게를 알 수 있다. 3번을 알게 되면 나머지는 단순한 뺄셈이다.

제8장. 한 번에 그리기

Leonhard Euler

레온하르트 오일러(Leonhard Euler, 1707~1783)는 스위스의 수학자이며 물리학자로서, 수학·천문학·물리학 분야에 국한되지 않고, 의학·식물학·화학 등 많은 분야에 걸쳐 광범위하게 연구하였다. 수학 분야에서 미적분학을 발전시키고, 변분학을 창시하였으며, 대수학·정수론·기하학 등 여러 방면에 걸쳐 큰 업적을 남겼다. 특히 삼각함수의 생략기호(sin, cos, tan)의 창안이나 「오일러의 정리」 등은 널리 알려져 있다.

Q68. 케니히스베르크의 다리 문제

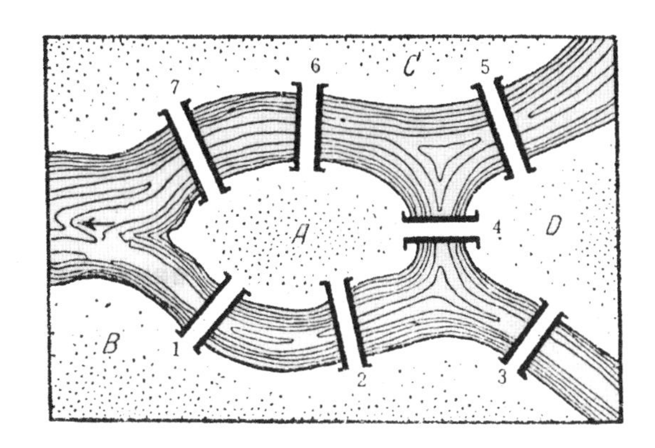

수학자 레온하르트 오일러는 한 가지 색다른 문제에 주목해서 그것에 대해서 이런 식으로 서술하고 있다.

「……케니히스베르크에는 크나이프호프라는 섬이 있다. 프레겔강은 그것을 에워싸고 2개의 지류로 나누어져 있고, 그 강에 7개의 다리가 놓여 있다. 이들 다리를 1회 이상은 건너지 않고 7개의 다리를 모두 건너서 산보할 수는 없을까? 어떤 사람들은 가능하다고 단언하고 또 어떤 사람들은 반대로 그것은 불가능하다고 보고 있다.……」

여러분들은 어떻게 생각하는가?

이 문제를 알기 쉽게 하기 위해 앞의 그림을 더 단순화해 보면 그림과 같은 도형이 된다. 이 문제에서는 섬의 크기나 다리의 길이 등은 아무런 의미를 갖지 못한다(토폴로지에 관계가 있는 이런 문제는 형태의 각 부의 상대적 치수에는 무관계하다는 특징을 갖고 있다).

그러므로 앞의 지도 A(크나이프호프), B, C, D 지역을 점으로 각 다리를 선으로 해서 지도를 그릴 수 있을 것이다. 그렇게 하면 여기에 예시한 도형이 된다. 이 도형을 연필을 한 번도 띄지 않고 그릴 수 있다면 7개의 다리를 모두 1번씩만 건너서 원래의 장소로 돌아올 수 있다.

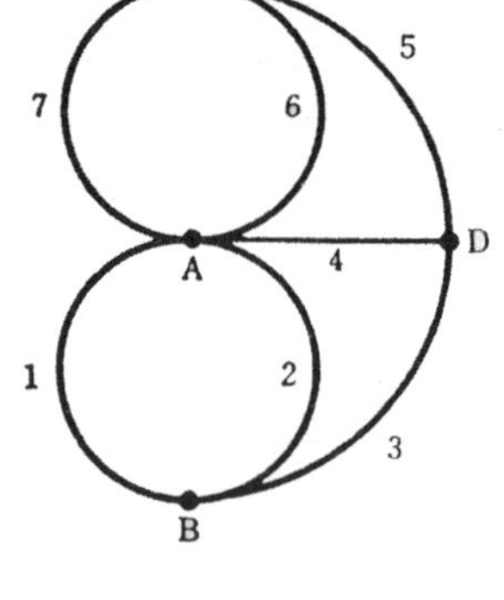

그림에서 D점을 보면 3, 4, 5 세 개의 선이, 즉 홀수의 선이 그어져 있다는 것은 2개의 선을 하나로 연결하면 그 선은 D점을 통과하는 선이고, 나머지 선은 D점에서 출발하는 선이든가 D점에서 끝나는 선임을 의미한다. 즉 띄지 않고 한 번에 그린다고 생각하면 어떤 점에서 홀수의 선이 나와 있는 경우는 그 점은 그리기 시작한 점이 아니면 끝나는 점이 된다.

여기서 이 그림을 보면, 모든 점에서 홀수의 선이 그어져 있다는 것은 모든 점이 그리기 시작한 점이든가 마치는 점이라는 것이다. 이것은 불가능하다. 따라서 여기 예시한 그림은 한 번에 그릴 수 없다. 다시 말해서 프레겔 강에 놓여 있는 다리를 모두 한 번만 건너서는 산책할 수 없다.

Q69. 토폴로지와 다리의 문제

오일러는 「케니히스베르크의 다리 문제」를 수학 상의 문제로 연구하여 그 문서를 1763년에 러시아의 페테르부르크 과학아카데미에 제출했다. 이 문서는, 이러한 문제가 수학의 어느 부문에 속하는지를 분명히 알 수 있게 하는 다음과 같은 문장으로 시작하고 있다.

「이미 고대로부터 면밀히 연구되고 있는 기하학부문 이외에, 라이프니츠*는 그가 〈위치의 기하학〉이라고 명명한 다른 부문에 기초해서 언급했다. 기하학 중 이 부문이 연구하는 것은 형(形)의 각부의 상호 위치의 성질뿐으로 형의 크기는 무시한다.

최근 나는 위치의 기하학에 관한 하나의 문제를 가끔 듣고, 나는 한 예로서 내가 내놓은 이 문제의 해결 방법을 여기에 기술하기로 했다.……」

*오늘날에는 기하학의 이 부분은 〈토폴로지〉{위상기하학(位相幾何學)}이라 불리고 있고, 기하학 중에서도 중요한 부문이 되어 있다. 그리고 이 다리 문제는 토폴로지와 관련되어 있다.

Q69. 한 번에 그릴 수 있을까?

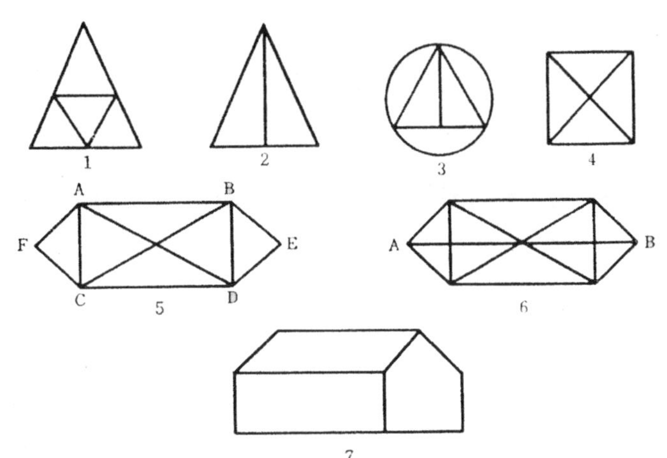

여기 여러 가지 도형이 그려져 있는데, 어떤 도형은 어느 위치에서나 그려도 한 번에 그릴 수 있지만, 다른 도형은 정해진 위치에서 그리기 시작하지 않으면 한 번에 그릴 수 없다. 또 어떤 도형은 처음부터 한 번에 그릴 수 없는 것도 있다. 이 같은 현상이 생기는 이유는 무엇일까? 도형에 미리 그러한 것을 알 수 있는 특징이라도 있는 것일까?

어떤 도형을 한 번에 그릴 수 있다고 한다면 어떤 점에서부터 그리기 시작해야 할까요?

이론은 그러한 문제에 완전한 해답을 주고 있다. 여기에 이 이론을 조금만 설명해 보자. 도형 중의 각 점(즉 선과 선의 교점) 중에서 짝수의 선이 집중되어 있는 점을 짝수점, 홀수의 선이 집중되어 있는 점을 홀수점이라 한다.

그런데 어떤 도형에는 홀수점이 전혀 없든가, 혹은 2개, 4개, 6

개…… 즉 짝수 개 있다. 만약 도형이 홀수점이 없다면 그 도형은 어느 점에서 그리기 시작해도 한 번에 그릴 수 있다.

여기 예시한 1과 5의 도형이 그것이다. 또 만약 도형에 홀수점이 2개 있다고 한다면 이것 또한 어느 점에서 그리기 시작해도 한 번에 그릴 수 있다. 그리고 또 하나의 홀수점이 마치는 점이 된다.

이러한 도형이 2, 3, 6번의 도형인데, 예를 들면 6번의 도형에서는 A점, B점 중 어느 한 점에서 그리기 시작할 것이다. 만약 도형에 홀수점이 2개가 아니라 3개 이상 있다면 그 도형은 한 번에 띄지 않고 그릴 수 없다. 이러한 도형이 홀수점을 4개 갖는 4번과 7번의 도형이다. 어떤 도형은 한 번에 그릴 수 있고, 또 어떤 도형은 그릴 수 없을까? 또 어느 점에서 시작해야 될까 하는 것을 틀리지 않게 판단하기 위해서는 지금 설명한 것으로 충분할 것이다.

여기 다음에 예시한 도형을 한 번도 띄지 말고 그려 보자.

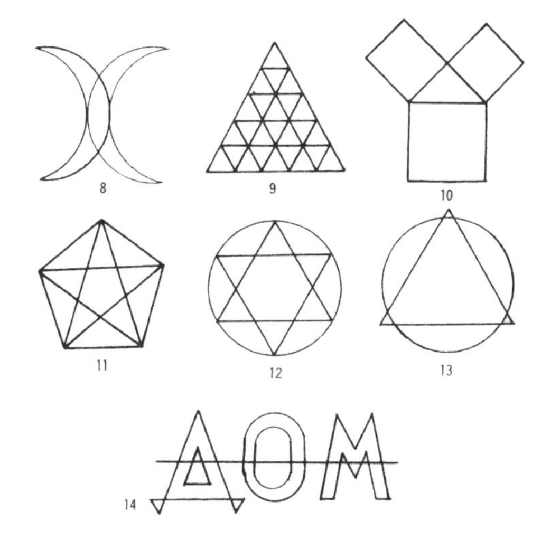

【해답】 그림과 같다.

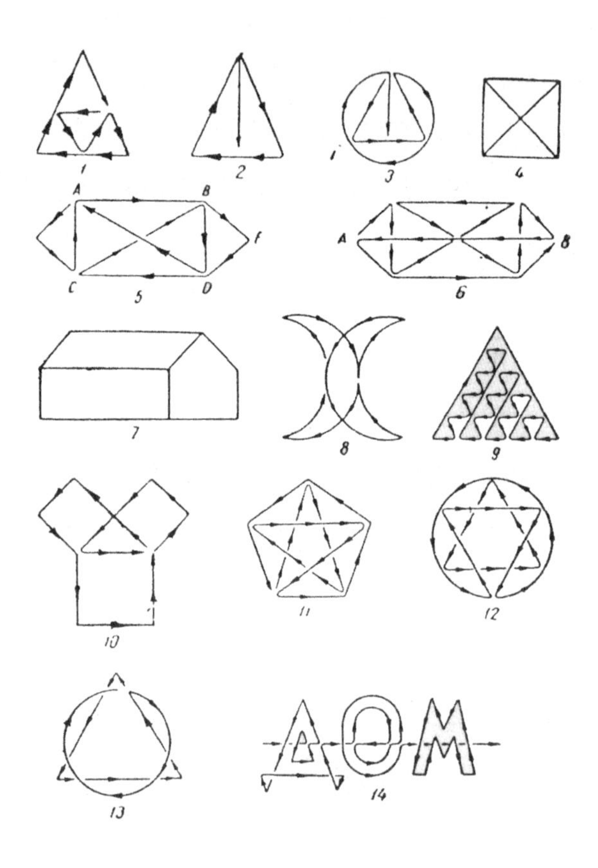

Q71. 레닌그라드의 다리

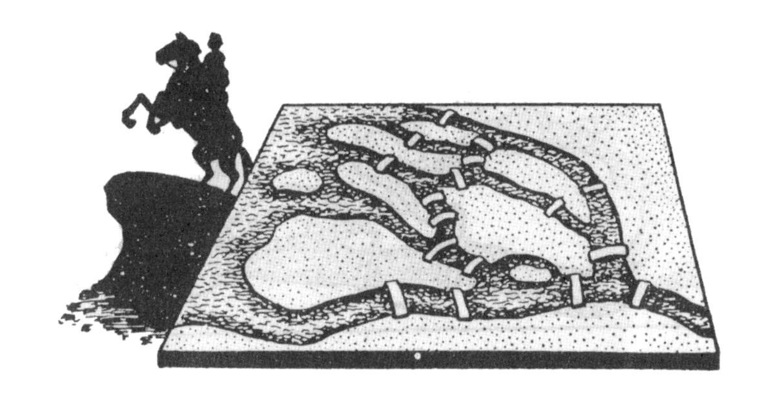

위 그림은 레닌그라드를 흐르고 있는 강과 다리를 나타낸 것으로, 여기에 그려져 있는 다리는 17개이다. 케니히스베르크의 다리를 건너는 것과 마찬가지로 17개 다리를 한 번씩 건너서 산책해 보자.

*케니히스베르크는 발트 해에 접한 도시인데 제2차 세계대전 후 소비에트령이 되어 칼리닌그라드로 개명되었다. 이 이름은 소비에트 정치가 칼리닌(Mikhail Ivanovich Kalinin, 1875~1946)의 이름을 딴 것이다.

고트프리트 빌헬름 라이프니츠(Leibniz, Gottfried Wilhelm von, 1646~1716년)는 뉴턴과 나란히 미분적분학의 창조자로서 유명하지만 그는 철학자, 정치가, 독일의 외교관으로도 활약했다.

【해답】

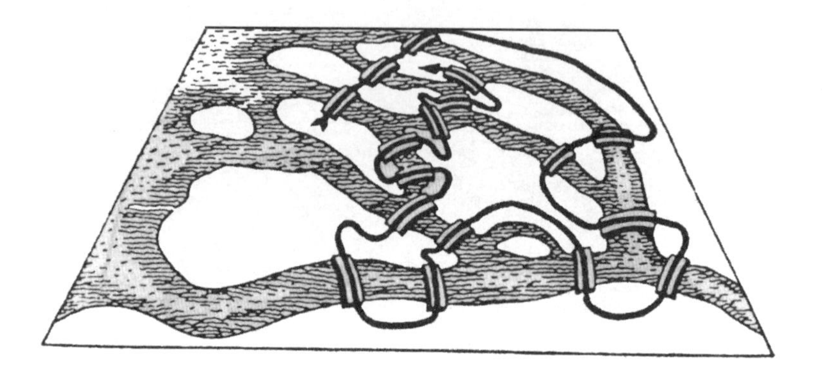

제9장. 마방진(Magic square)

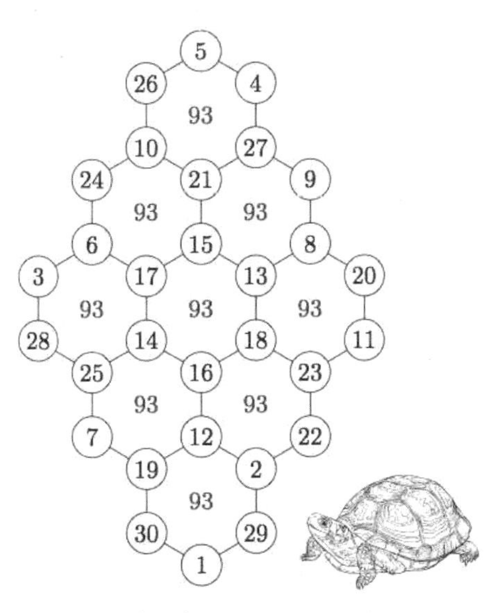

지수귀문도(地數龜文圖)

빈칸에 숫자를 넣어서 가로, 세로, 대각선의 합이 모두 같게 만드는 놀이를 마방진이라고 한다.

약 4,000년 전 중국 하나라의 우왕 때 일이다. 황하 강에서 발견된 거북의 등에 이상한 무늬가 그려져 있었다. 신하들은 그 무늬가 수를 나타낸다는 것을 알아냈다. 그리고 신기하게도 가로, 세로, 대각선, 어느 쪽으로 더해도 15가 나오는 것이었다. 사람들은 그 거북을 성스러운 존재로 믿었다.

그 뒤 중국에서는 마방진 놀이가 널리 퍼졌는데, 사람들의 운을 점치거나 부적으로도 쓰였다.

우리나라는 조선시대 숙종 임금 때, 영의정을 지낸 천문학자이자 수학자인 최석정이 9차 마방진을 만들어 냈다. 육각형 9개로 만든 '지수귀문도(地數龜文圖)'는 지금도 풀기 어렵다고 한다.

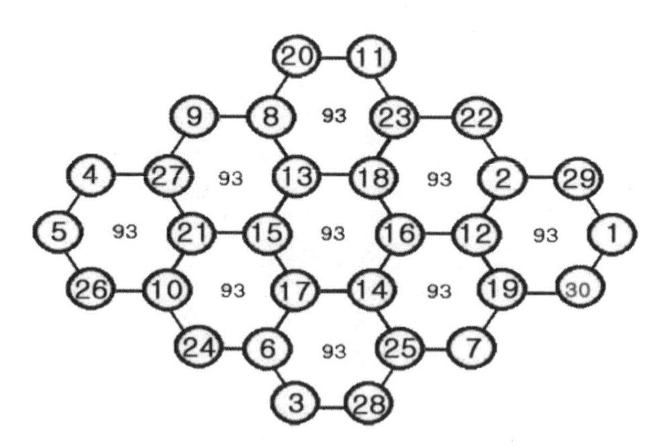

지수귀문도(地數龜文圖)

72. 최소의 마방진

마방진(魔方陣)을 만드는 것은 예부터 있었지만 지금도 널리 보급되어 있는 수학놀이의 하나이다. 마방진이라는 것은 여기에 예시한 그림처럼 정사각형을 바둑무늬 형으로 그려서 가로 열, 세로 열 혹은 대각선상에 있는 수의 합계가 어느 것이나 같도록 1에서 시작하는 연속된 자연수를 각각 빈 칸에 넣은 것이다.

4	3	8
9	5	1
2	7	6

그런데 그 최소의 마방진은 여기에 예시한 〈3방진〉이다. 9개의 빈 칸에 4+3+8 또는 2+7+6, 3+5+7, 4+5+6 혹은 세 개의 수로 이루는 기타 수열을 넣으면 어느 경우에도 같은 15라는 합계수를 얻을 수 있는데, 이 15라는 수는 방진을 만들기 전에 알 수 있다. 이 방진은 상 · 중 · 하 3열이며, 사용할 수는 1부터 9까지의 연속수이기 때문에 그 합계 45를 3으로 나눈 15라는 수가 각 열의 합계수가 되는 것이다.

73. 마방진의 회전과 반영

한 개의 마방진이 되었으면 그것의 변형을 간단히 만들 수가 있다. 다시 말해서 새로운 마방진을 만들어낼 수가 있는 것이다. 예를 들면, A와 같은 마방진이 만들어졌다고 하면 그것을 머릿속에서 90도 회전함으로써 B와 같은 다른 마방진을 얻을 수 있다.

그리고 또 90도(처음 위치에서 180도) 회전시켜서 다시 한 번 90도(처음 위치에서 270도) 회전시키면 마방진 D를 더 만들 수 있다는 것이다.

6	1	8
7	5	3
2	9	4

A

→ 90도

2	7	6
9	5	1
4	3	8

B

6	1	8
7	5	3
2	9	4

A

→ 180도

4	9	2
3	5	7
6	1	6

D

또 마방진을 거울에 비쳐 바라보는 것을 상상해 보면 또 새로운 변형을 얻어낼 수 있다.

이상과 같이 3방진의 회전과 반영(反映)에 의해서 만들어진 여러

변형을 정리해 보면 다음과 같은 8개의 형이 된다.

6	1	8
7	5	3
2	9	4

1

6	1	8
3	5	7
4	9	2

2

2	7	6
9	5	1
4	3	8

3

6	7	2
1	5	9
8	3	4

4

4	9	2
3	5	7
8	1	6

5

2	9	4
7	5	3
6	1	8

6

6	3	4
1	5	9
6	7	2

7

4	3	8
9	5	1
2	7	6

8

74. 바셰의 방법

여기에 기방진(奇方陣)을 만드는 오래된 방법을 알아보자. 이 방법은 17세기 프랑스의 수학자 클로드 바셰(1587~1638)가 제안한 것이다. 바셰의 방법은 편리한 것이기 때문에(예를 들어, 9방진에서도) 앞에 나왔던 가장 간단한 3방진부터 시작하는 것이 좋을 것이다.

		3		
	2		6	
1		5		9
	4		8	
		7		

A

2	7	6
9	5	1
4	3	8

B

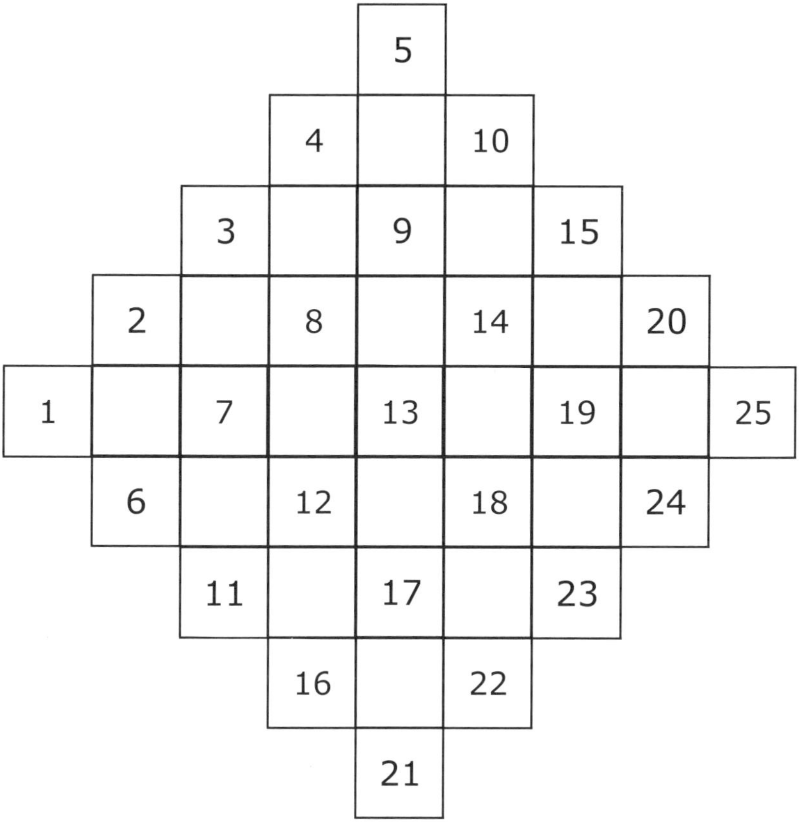

				5				
			4		10			
		3		9		15		
	2		8		14		20	
1		7		13		19		25
	6		12		18		24	
		11		17		23		
			16		22			
				21				

C

3	16	9	22	15
20	8	21	14	2
7	25	13	1	19
24	12	5	18	6
11	4	17	10	23

D

우선 정사각형을 9개의 바둑무늬 칸으로 갈라놓고 그림 A와 같은 형으로 칸을 사방에 붙여(점선) 1부터 9까지의 수를 순서대로 비낌 방향으로 넣어 간다. 그리고 밖에 있는 칸 안의 수를 비어 있는 안쪽 칸에 옮겨 쓰는 것인데, 반드시 반대편에 있는 빈 칸에 넣는다.

다시 말해서, 1은 2와 4 사이가 아니라 6과 8 사이에 옮겨 쓰고 3은 4와 8 사이, 9는 2와 4 사이에 옮겨 쓰는 것이다. 그림 B의 마방진은 이렇게 해서 만든 3방진이다.

다음에 바셰의 방법으로 5방진을 만들어 보자. 3방진을 만드는 때와 같은 요령으로 정사각형 바깥쪽에, 그림 C에 그려진 것과 같은 빈 칸을 그려 붙인다. 그리고 1부터 25까지의 연속수를 3방진의 경우와 같이 비낌 방향으로 써넣고 그들 수를 각각 반대편에 있는 빈 칸에 옮겨 쓴다. 그렇게 해서 만들어진 것이 그림 D의 5방진이다.

제10장. 지워진 숫자

SAVE
+ MORE
MONEY

복면산(覆面算)은 수학 퍼즐의 한 종류로, 문자를 이용하여 표현된 수식에서 각 문자가 나타내는 숫자를 알아내는 문제이다. 숫자 대부분을 문자로 숨겨서 나타내므로 숫자가 "복면"을 쓰고 있는 연산이라는 뜻에서 복면산이라 이름 지어졌다. A+B=CD에서 C=1, A+B+C=DE에서 D=1 또는 2이다. 복면산의 예로는 헨리 어니스트 듀드니가 1924년 7월에 발표한 다음 문제가 특히 유명하다.

```
   S A V E
+  M O R E
----------
 M O N E Y
```

복면산 문제는 특별한 언급이 없는 한, 같은 문자는 같은 숫자를 나타내고 서로 다른 문자는 서로 다른 숫자를 나타내는 것으로 생각하며, 첫 번째 자리의 숫자는 0이 아니라고 가정하는 것이 보통이다. 또한, 대개의 경우 복면산 문제의 답은 유일해야 한다.

Q75. 숫자를 찾아라

한 학생이 칠판에다 곱셈을 한 것인데, 계산을 마치고서 숫자를 지우고 말았다. 그러나 맨 위의 곱해지는 수와 답의 일부가 희미하게 남아 있었기 때문에 그것을 복원해 보니 다음과 같이 되었다.

여기서 교사는 그 학생에게 지워진 숫자를 본래대로 써 놓으라고 말했다. 그러면 이 학생은 어떤 숫자를 넣었을까?

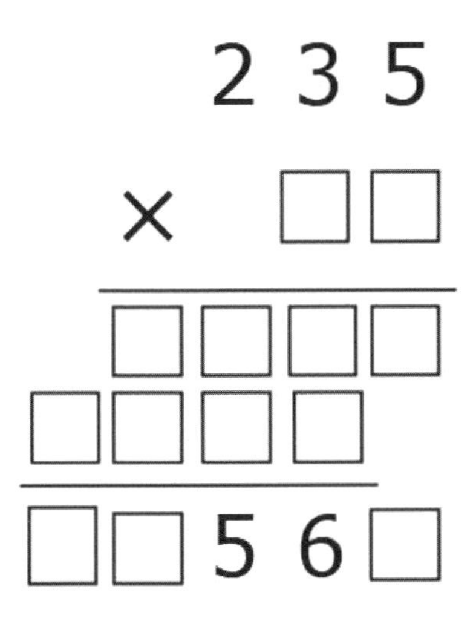

【해답】

이런 식으로 생각해 보자. 답에 있는 6이라는 수는 6의 바로 위에 있는 두 수를 더한 것으로 얻을 수 있는데, 하단 오른쪽 끝에 있는 수는 0이나 5이다. 만일 그 수가 0이라면 그 윗단의 수는 6, 즉 0+6=6이 됩니다. 그러나 윗단이 6이라고 할 수는 없습니다. 235와 곱하는 두 개의 수 중 오

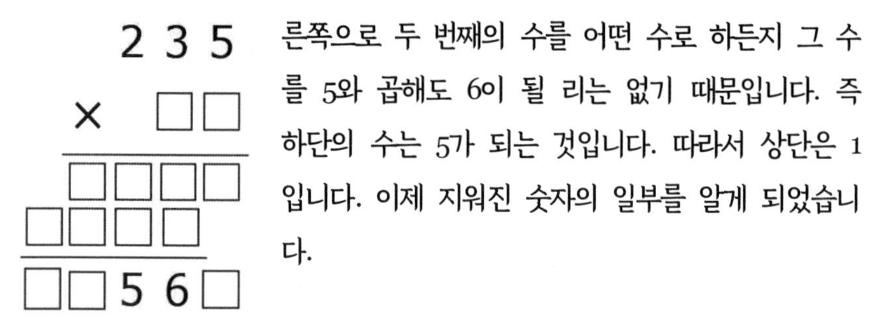

른쪽으로 두 번째의 수를 어떤 수로 하든지 그 수를 5와 곱해도 6이 될 리는 없기 때문입니다. 즉 하단의 수는 5가 되는 것입니다. 따라서 상단은 1입니다. 이제 지워진 숫자의 일부를 알게 되었습니다.

다음에 곱한수(乘數)를 봅시다. 첫 번째 승수는 4보다 크지 않으면 안 됩니다. 그렇지 않으면 235와 곱했을 때 4자리수가 나오지 않습니다. 5는 아닙니다(곱했을 때 2자리째의 수는 1이 될 수 없기 때문입니다). 따라서 6입니다. 여기서 다음과 같은 수를 알아낼 수 있습니다.

```
     2 3 5
  ×   □ 6
  --------
   1 4 1 0
 □ □ 1 5
 ---------
 □ □ 5 6 0
```

이들 숫자에서 승수는 96이라는 것을 알 수가 있습니다. (승수가 79라도 성립한다.)

```
     2 3 5
  ×   9 6
  --------
   1 4 1 0
 2 1 1 5
 ---------
 2 2 5 6 0
```

Q76. 감춰진 숫자

이번에는 교사가 군데군데 숫자가 빠진 3자리수의 곱셈문제를 내놓고 학생들에게 빠진 자리에 바른 숫자를 채우도록 지시했다. 그 문제는 다음과 같다. 어떤 수를 넣으면 될까?

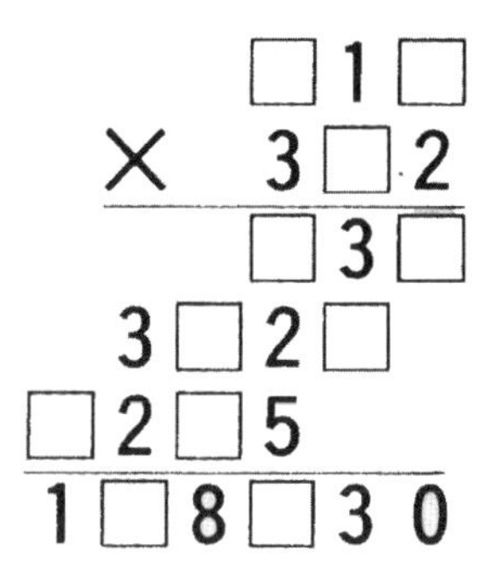

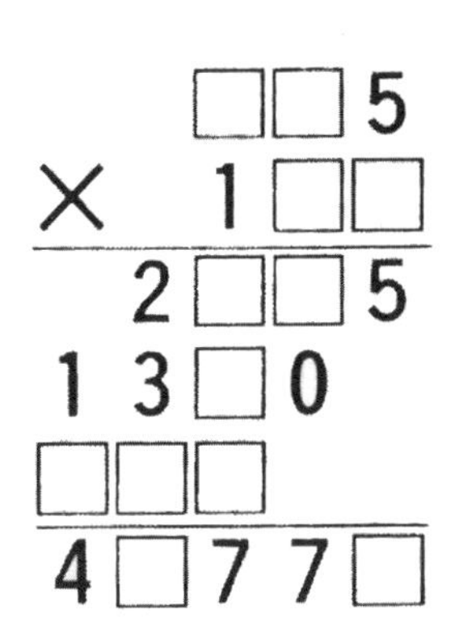

【해답】

감추어진 수는 다음과 같이 판단해 나가면 복원할 수 있을 것이다. 설명하기 쉽도록 각 단에 번호를 붙여 보면 우선 첫 번째 문제에서 Ⅲ단의 오른쪽 끝수가 0이라는 것은 곧 알 수 있다. 여기서 이번에는 Ⅰ단 오른쪽 끝수를 찾아보자.

$$
\begin{array}{rrrrrrl}
 & & & \square & 1 & \square & \cdots\cdots\cdots\cdots \text{I} \\
 & & \times\ 3 & \square & & 2 & \cdots\cdots\cdots\cdots \text{II} \\
\hline
 & & & \square & 3 & \square & \cdots\cdots\cdots\cdots \text{III} \\
 & 3 & \square & 2 & \square & & \cdots\cdots\cdots\cdots \text{IV} \\
\square & 2 & \square & 5 & & & \cdots\cdots\cdots\cdots \text{V} \\
\hline
1\ \square & 8 & \square & 3 & 0 & & \cdots\cdots\cdots\cdots \text{VI}
\end{array}
$$

이 수는 여기에 2를 곱했을 때에는 Ⅲ단 우측 끝수가 0, Ⅱ단의 3을 곱했을 때에는 Ⅴ단 오른쪽 끝수가 5가 되는 수이다. 그렇게 하면 이런 수는 5뿐일 것이다.

Ⅳ단 오른쪽 끝수는 당연히 0이다. 그러면 Ⅱ단 2번째 수는 8이 된다. 왜냐하면 $15\times8=120$이 되고 Ⅳ단의 20이라는 수가 나오기 때문이다.

8을 알게 되면 Ⅰ단 왼쪽 끝수는 4가 된다. Ⅳ단 왼쪽 끝수가 3이 되기 위해서는 4 이외에는 없기 때문이다. 따라서 감추어진 수는 다음과 같이 된다.

$$
\begin{array}{rrrrrr}
 & & & 4 & 1 & 5 \\
\times & & & 3 & 8 & 2 \\
\hline
 & & & 8 & 3 & 0 \\
 & 3 & 3 & 2 & 0 & \\
1 & 2 & 4 & 5 & & \\
\hline
1 & 5 & 8 & 5 & 3 & 0
\end{array}
$$

또 다른 문제도 똑같이 해서 풀면 된다. 여기에는 해답만 밝힌다.

$$
\begin{array}{rrrrr}
 & & 3 & 2 & 5 \\
\times & & 1 & 4 & 7 \\
\hline
 & 2 & 2 & 7 & 5 \\
1 & 3 & 0 & 0 & \\
3 & 2 & 5 & & \\
\hline
4 & 7 & 7 & 7 & 5
\end{array}
$$

Q77. 숫자 찾기(1)

여기에 이상한 나눗셈 문제가 있다. 여기서 알고 있는 것은 나누는 수가 3자리수, 나누어지는 수가 8자리수, 답이 5자리수, 답의 10 단위가 7, 그리고 감추어진 수의 위치이다. 이 실마리를 바탕으로 미지의 수를 찾아보라.

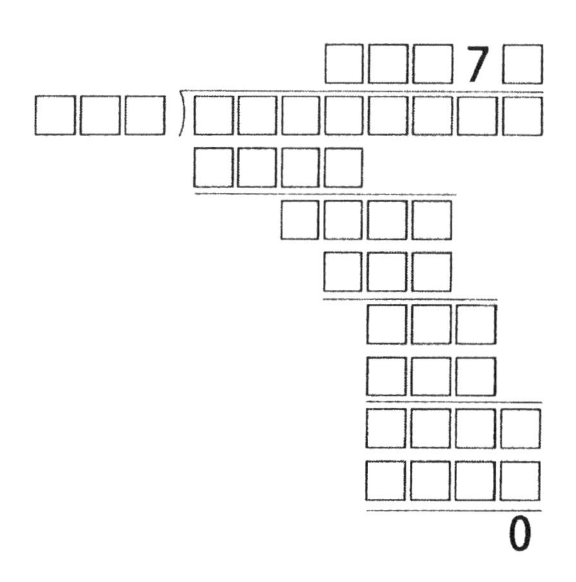

【해답】

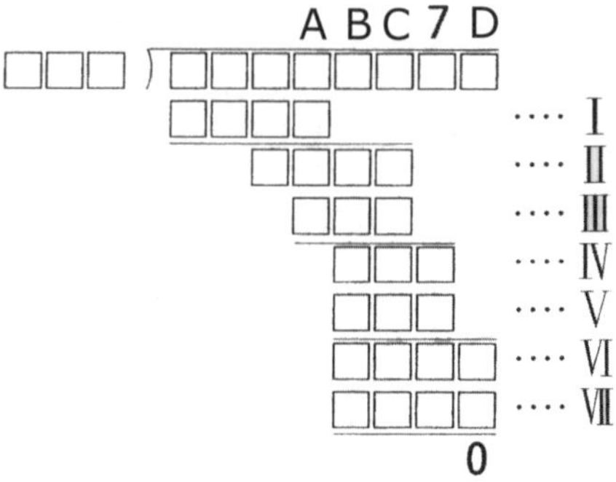

A B C 7 D

…Ⅰ
…Ⅱ
…Ⅲ
…Ⅳ
…Ⅴ
…Ⅵ
…Ⅶ

0

설명하기 쉽도록 이 경우도 각 단에 위와 같이 번호를 붙인다.

Ⅱ단을 보면 우선 B가 0이라는 것은 알 수 있다. 또 왼쪽으로부터 두 번째도 0이라는 것을 알 수 있다. 왜냐하면 Ⅱ단에서 Ⅲ단을 빼낸 나머지가 두자리수로 되어 있기 때문이다.

여기서 세자리의 나누는 수를 x라 하면 Ⅴ단의 수는 7에 x를 곱한 수이다. Ⅵ단의 수는 999 이하. Ⅵ단에서 7x를 뺀 수는 100 이상의 수이다. 따라서 7x가 999-100 이하. 즉 899 이하라는 것은 분명하다. 따라서 x는 128(899÷7) 이하라는 것을 알 수 있다. 그리고 Ⅲ단의 수는 900 이상이라는 것을 알 수 있다. 그렇지 않으면 Ⅱ단의 4자리수에서 Ⅲ단의 수를 뺐을 때 나머지가 2자리수는 되지 않기 때문이다. 그리고 Ⅲ5단과 C와를 비교해 보면 C는 900÷128, 즉 7.03 이상이 된다. 다시 말해서, C는 8이나 9이다. 또 Ⅰ과 Ⅶ단의 수는 4자리수, Ⅲ단의 수는 3자리수이기 때문에 분명히 C는 8, D는 9라는 결과가 나온다. 여기서 이 나눗셈의 답은 90879가 된다.

그런데 이 출제는 답을 구하라는 것이지만, 겸해서 Ⅰ에서 Ⅶ까지 각 단의 수의 배치에 알맞고 또 답인 10자리에 7이란 수가 오는 나누는 수와 나누어지는 수를 들어 보면 다음과 같이 11조가 된다.

10360206÷114, 10723722÷118, 11087238÷122,
10451085÷115, 10814601÷119, 11178117÷123, } = 90879
10541964÷116, 10905480÷120, 11268996÷124
10632843÷117, 10996359÷121,

모두의 나눗셈의 답은 90879가 된다.

Q78. 숫자 찾기(2)

또 다른 나눗셈의 숫자를 찾아보자. 문제는 다음과 같다.

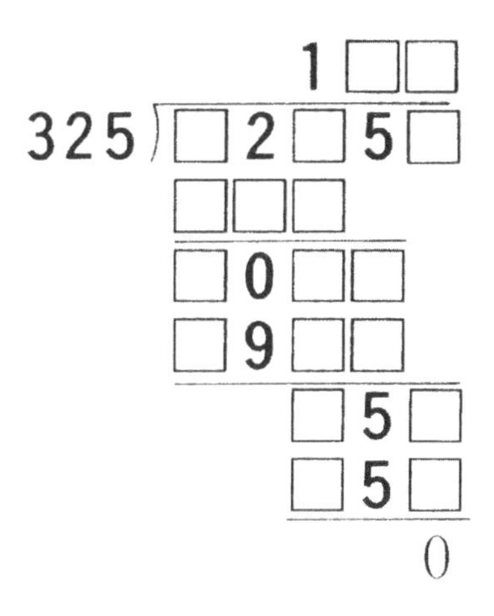

【해답】

```
          162
325 ) 52650
      325
      2015
      1950
        650
        650
          0
```

재미있는

수학탐험

PART Ⅱ

PART Ⅱ는

미국의 제임스 F. 픽스의 《천재들의 게임(Games for the Super intelligent)》과 영국의 J. A. 헌터의 《수학의 난문제에 도전(Challenging Mathematical Teasers)》 등에서 수학적인 문제들만 발췌한 것이다.

PART Ⅰ에서와는 달리 문제의 성격이나 분야를 가리지 않고 무작위로 배열해 놓았다. 그것은 어느 문제고간에 그 나름대로의 특성과 사고력을 필요로 하기 때문이다.

「수학은 골치아픈 것」에서 「수학은 재미있고 추리소설처럼 흥미진진한 것」이라는 사실을 본격적으로 일깨워 주는 유니크한 발상, 자유분방한 사고, 번뜩이는 기지가 충만해 있다. 미지의 세계의 신비를 벗겨 나가는 탐험가와도 같이 우리 모두 수학탐험 여행을 떠나자!

Q79. 세모와 네모

성냥개비 8개를 이용하여 정사각형 두 개, 삼각형을 네 개 만들어 보자.

단, 성냥개비를 꺾어서는 안 된다.

【해답】 그림과 같다. 정삼각형이라는 조건은 없었다.

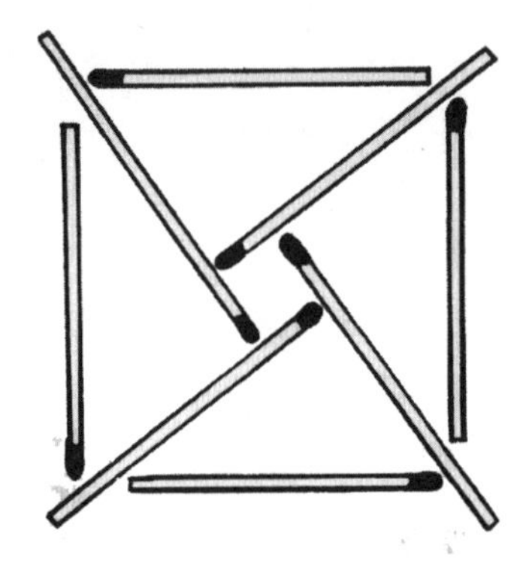

Q80. 무슨 숫자가 올까?

다음의 숫자는 어떤 규칙에 따라서 변화하고 있다. □에는 무슨 숫자가 들어갈까?

77

49

□

18

8

【해답】 36

77을 7×7로 보면 49

다음은 4×9로 보면 36

다음은 3×6으로 보면 18

그리고 1×8이면 8

Q81. 미스 프린트?

아래의 숫자의 열을 잘 살펴보기 바란다. 왼쪽 위의 88번과 오른쪽 위의 63으로부터 25가 나오고 그 25와 9로부터 16이 나온다.

이런 식으로 5까지 나간다. 그렇다면 x에는 어떤 숫자가 와야 될까?

다만 중간쯤에 있는 56은 34의 미스프린트는 결코 아니다.

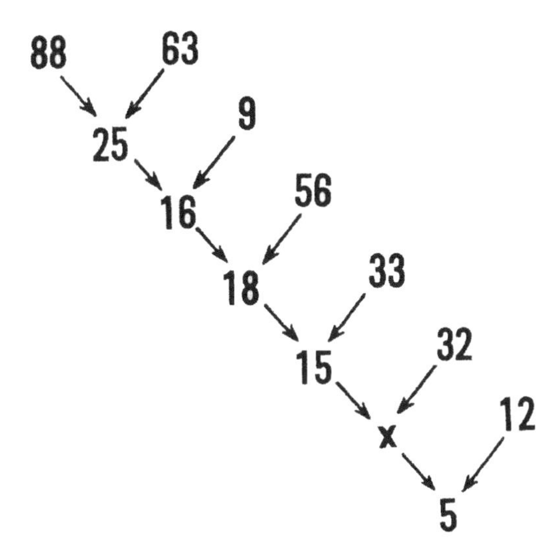

【해답】 11

얼핏 보면 뺄셈인 것 같기도 하지만, x는 17은 아니다. 게다가 그러한 방법으로는 16과 56으로부터 18이 나온다는 것은 설득력이 없다.

88과 63으로부터 25가 나온 것은,

8+8+6+3=25인 것이다.

이하도 마찬가지로 구성된 숫자를 합해 나가면 x=11이 된다.

Q82. 점과 선

네 개의 연속된 직선으로 모든 점을 이어 보라. 단, 도중에서 되돌아가거나 같은 점을 두 번 지나서는 안된다.

【해답】 그림과 같다.

직선이 점의 안쪽에 있어야만 된다는 조건은 없다. 어떤 성질의 문제인지를 재빨리 간파하고 고정관념에 사로잡혀서 외곬로만 집착하지 말 것이다.

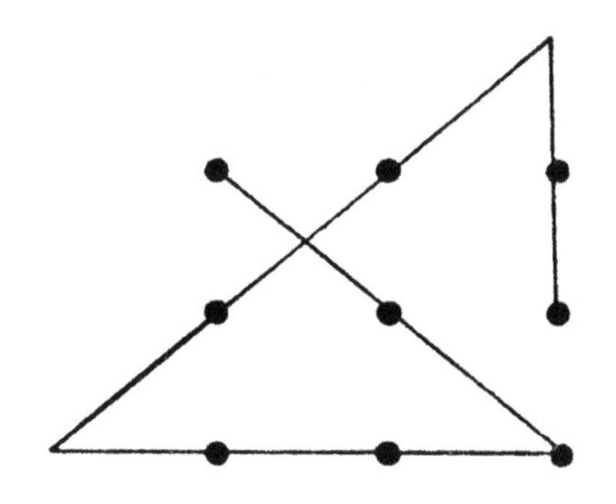

Q83. 카펫 이어붙이기

세로가 2미터 40센티미터, 가로가 1미터 80센티미터의 카펫이 있다. 아깝게도 좀이 슬어 한가운데가 가로 20센티미터, 세로 1미터 60센티미터의 길따란 구멍이 뚫렸다.

그런데 다시 붙이면 전체가 2미터×2미터의 정사각형이 되도록 이 카펫을 두 개의 부분으로 절단하라.

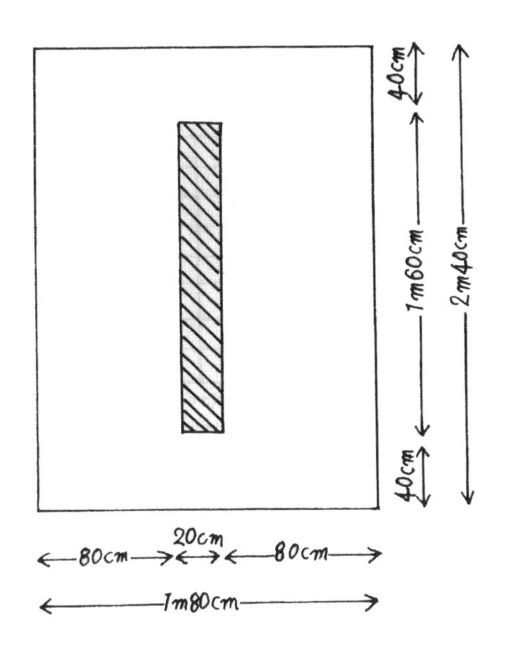

【해답】 그림과 같다.

문제에서 좀이 슨 부분을 잘라내고 붙였을 경우 정사각형이 되도록 하라고 했으므로

$180cm \times 240cm - 20cm \times 160cm = 40,000cm^2$

따라서 한 변이 200cm인 정사각형의 카펫이 되도록 해야 한다. 이 카펫에 한 변이 20센티미터인 정사각형의 바둑판무늬를 그려 넣어 보자. 의외로 쉽게 답이 나오지 않았는가?

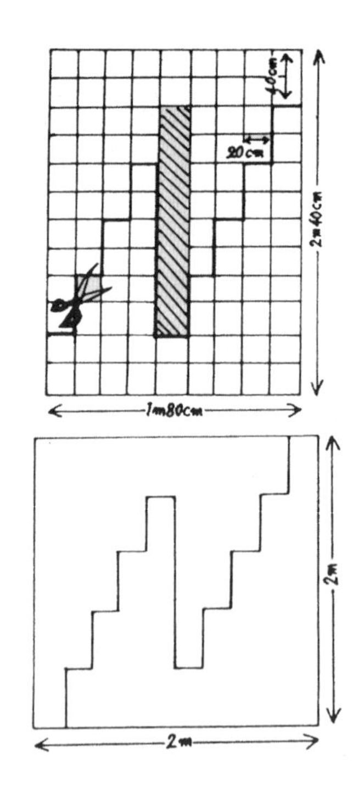

Q84. 파리와 거미

바닥 면적이 120cm×300cm, 천정 높이가 120cm 되는 창고가 있다. 이쪽 벽 중앙의 바닥으로부터 10cm 되는 곳에 거미가 있다. 맞은편(바닥 길이가 300cm 되는 건너편 벽) 벽 중앙의 천정으로부터 10cm의 곳에 파리가 앉아 있다. 거미가 파리를 잡기 위해 기어가야 할 최단 코스를 찾아보라.

【해답】

그림을 살펴보자. 창고를 하나의 상자라 생각하고 여러 가지 모양으로 펼쳐놓아 보자.

거미의 통로가 직선이 되도록 해놓았다. 얼핏 보면 A가 가장 짧은 거리처럼 보이지만, A는 실제로는 가장 긴 코스이고 거리는 420cm(10cm+300cm+110cm)나 된다.

B 코스는 400cm(피타고라스의 정리에 의해서 약 407cm)가 약간 넘는다.

C코스는 정확히 400cm(피타고라스의 정리에 의해서)가 된다.

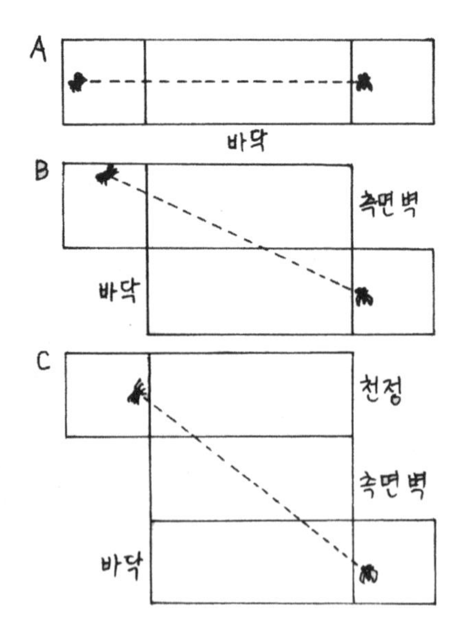

Q85. 달팽이의 여행

깊이가 3미터 되는 우물 바닥에 한 마리의 달팽이가 있다. 이 달팽이는 낮 동안에 30센티미터 기어 올라간다. 그런데 밤사이 그만 20센티미터를 미끄러져 버린다. 그렇다면 이 달팽이가 우물 밖으로 기어 나오는 데는 정작 며칠이나 걸릴까?

【해답】 28일

이 달팽이는 결국 하루에 10센티미터를 올라가는 셈이다. 그렇다고 해서 30일이라고 단순하게 생각해서는 안 된다.

28일째인 아침에는 2미터 70센티미터 올라와 있으므로 28일에 하루 분 30센티미터를 오르면 우물 끝에 다다를 것이다. 위에 올라와 버리면 다시 미끄러질 일은 없기 때문이다.

Q86. 기하급수로 늘어나는 아메바

용량이 같은 병이 두 개 있다. 첫째 병에는 아메바가 한 마리, 둘째 병에는 아메바가 두 마리 있다. 이 한 마리의 아메바가 두 마리로 분열하는 데는 3분이 걸린다. 두 번째 병의 아메바가 분열하여 병에 가득 차는 데는 세 시간이 걸린다. 그렇다면 첫째 병의 아메바가 분열하여 병에 가득 차는 데는 얼마나 걸릴까?

【해답】 3시간 3분

한 번 분열하여 두 마리가 되어버리면(한 마리가 두 마리로 분열하는 데는 3분이 걸린다) 다음은 두 번째의 병과 같은 출발점에 서게 된다. 다만 3분이 늦어진다는 것뿐이다.

Q87. 밀물

닻을 내리고 부두에 정박해 있는 배가 한 척 있다. 배의 한쪽 뱃전에는 줄사다리가 드리워져 있고, 줄사다리에는 30센티미터 간격으로 디딤대가 붙어 있다.

마침 밀물이어서 해면은 한 시간에 25센티미터씩 올라오고 있다. 밀물이 처음 시작되었을 때 수면 위에 나와 있는 사다리의 부분은 2미터 40센티미터였다고 한다. 그렇다면 6시간이 지난 후에는 수면으로부터 나와 있는 부분은 어느 정도가 되겠는가?

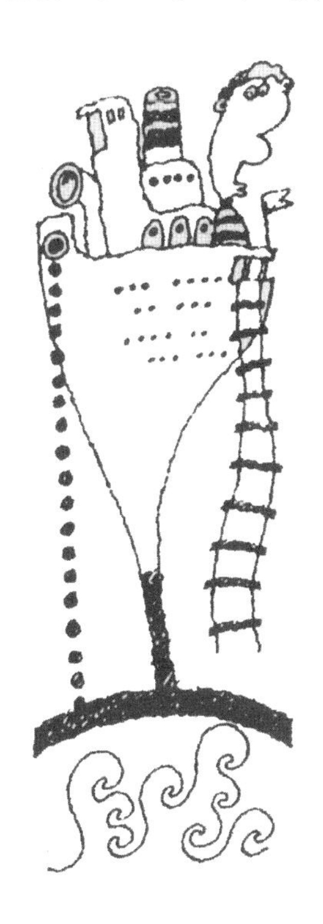

【해답】 2미터 40센티미터

배는 물 위에서는 항상 떠 있으므로 배와 수면과의 관계는 항상 일정하다.

따라서 사다리가 수면으로부터 나와 있는 부분은 여전히 2미터 40센티미터이다.

Q88. 지혜로운 요리사

캠프를 간 요리사가 간장 40그램을 달려고 한다. 그러나 그는 50그램 저울과 30그램 저울밖에 가져오지 않았다. 그러나 지혜로운 요리사는 정확하게 40그램의 간장을 사용해서 요리를 했다. 그는 어떻게 해서 달 수 있었을까?

【해답】

우선 50그램의 저울을 간장 50그램으로 가득 채운다. 그것을 30그램의 저울로 옮겨 가득 채우면 20그램이 남는다.

다음에 30그램 달아 놓은 간장은 다른 그릇에 옮겨 담아 놓는다.

그런 다음 50그램의 저울에 남아 있던 20그램의 간장을 비어 있는 30그램의 저울에 올려놓는다.

다음에 50그램 저울을 또 간장으로 가득 채우고 거기에서 20그램이 들어 있는 30그램 저울에다 10그램을 옮기면 50그램 저울에는 정확히 40그램의 간장이 남게 되는 것이다.

Q89. 원의 분할

네 개의 직선으로 원을 분할하면 원은 최대 몇 개의 부분으로 나눌 수가 있을까?

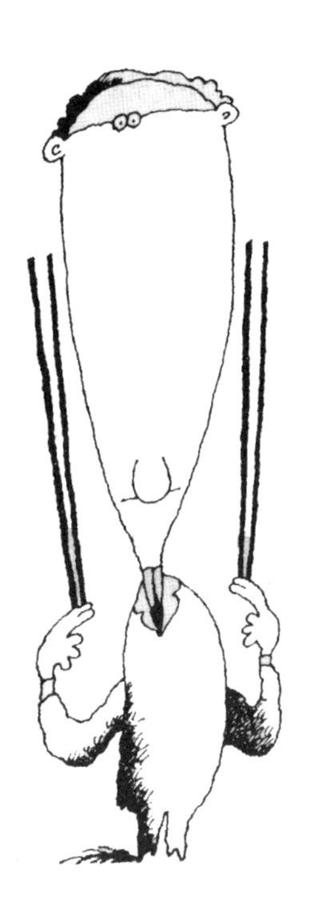

【해답】 11개 부분

네 개의 직선으로 최대 11개 부분으로 나눌 수가 있다. 요점은 말할 것도 없이 나중에 긋는 선이 가능한 한 많은 부분을 분할하도록 하는 것이다.

덧붙여 원의 분할 문제에 있어서 n개의 선으로 분할하는 경우 최대의 수는 다음 공식에 의해 구할 수 있다.

$$\frac{n(n+1)}{2}+1$$

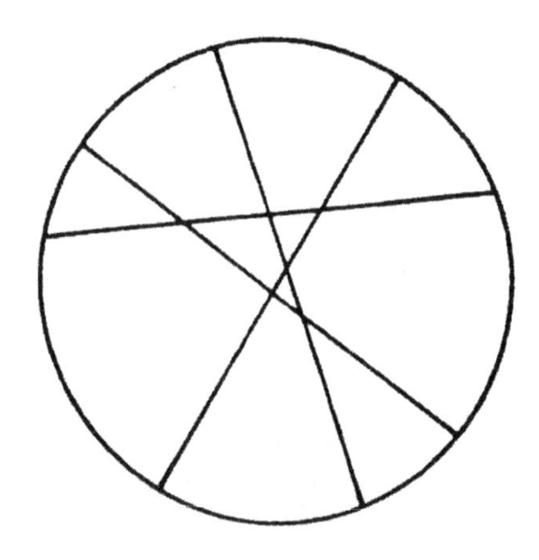

Q90. 한 가닥의 끈

한 가닥의 끈을 두 겹으로 접고 그것을 다시 두 겹으로 접는다. 그런 다음 그 접은 끈을 가위로 한가운데 싹둑 자르면 끈은 몇 토막으로 나누어질까?

【해답】 5 토막

직접 끈을 가지고 잘라보자.

이것은 일반적으로 접은 횟수를 n으로 하면 〈2n+1〉 이라는 공식으로 나타낼 수 있다.

Q91. 카레이서

어느 카레이서는 6km의 단거리 코스를 달리면서 처음 3km를 시속 140km의 속도로, 다음 1.5km를 시속 168km로, 나머지 1.5km를 시속 210km로 달렸다.

그렇다면 6km 코스 전체로 볼 때, 평균시속은 몇 km였을까?

【해답】 시속 160km

6km를 달린 총 시간을 계산하면

$\frac{3}{140}+\frac{1.5}{168}+\frac{1.5}{210}=\frac{945}{25200}$(시간)

$6\div\frac{945}{25200}=160$(km)

Q92. 기차의 시속

기차가 정확히 10초 동안 기적을 울렸는데도 역에 있는 기차 소리 계측기(이런 기기가 있다고 가정하면)에는 9.5초밖에 들리지 않았다고 한다.

그것은 기차가 역을 향해 달려왔기 때문이다. 그렇다면 이때의 기차의 속력을 계산해 보라.

단, 소리의 속도는 초속 340미터로 한다.

【해답】 시속 61.2km

기차가 움직이지 않은 상태에서 기적이 울리면 당연히 10초 동안 들릴 것이다. 그것이 2분의 1초만큼 적어졌으므로,

340×0.5=170(m)

170m 만큼 10초 동안 역 쪽으로 달려왔기 때문이다. 이것을 시속으로 환산하면,

170×6×60=61,200(m)

즉, 61.2km가 된다.

Q93. 사과와 오렌지

세 개의 상자가 있다. 각기 〈사과〉, 〈오렌지〉, 〈사과와 오렌지〉라는 표지가 붙어 있는데, 어느 표지건 내용물과는 모두 다르게 붙여져 있다. 당신은 다만 한 개의 상자에서 한 개의 과일만을 꺼내 볼 수가 있다. 절대로 이것저것 만져 보거나 엿보아서는 안된다.

어떻게 하면 모든 상자의 표지가 바르게 되도록 바꿀 수 있을까?

【해답】 〈사과와 오렌지〉 라는 표지가 붙은 상자에서 과일을 한 개 꺼낸다.

우리가 이 문제에 대해서 곧 알 수 있는 것은 한 가지 있다. 즉 〈사과〉 라는 표지가 붙은 상자에서 과일을 한 개 꺼낼 때 그것이 사과이든가 아니면 오렌지일 터이니 그 상자에다 〈오렌지〉라고 표지를 붙일까, 〈사과〉라고 붙여야 할 것인가를 결정할 것까지는 없다고 하는 것이다. 그것은 〈오렌지〉라고 붙어 있는 상자에서 꺼내도 마찬가지가 되므로, 결국 세 번째의 〈사과와 오렌지〉라고 표지가 붙어 있는 상자에서 꺼내도 그건 마찬가지라고 생각해 버리기가 쉽다.

그러나 과연 그럴까?

만일 〈사과와 오렌지〉라는 표지가 붙은 상자에서 꺼낸 과일이 오렌지라면—그 상자 속에 있는 과일 전부가 무엇인지를 알게 되지 않을까? 문제에서 「모든 상자가 내용물과는 달리 표지가 붙여져 있다.」고 한 말을 기억하고 있다—그러니까 그 상자는 〈사과와 오렌지〉는 아니다. 틀림없이 오렌지다.

나머지 상자에 들어 있는 것은 〈사과〉 그리고 〈사과와 오렌지〉다. 그럼 어느 쪽이 무엇일까? 그것은 간단하다. 되풀이하자면, 상자의 표지는 내용물과는 다르게 붙여져 있으니까 나머지 두 개의 표지를 바꾸면 문제는 해결된다.

Q94. 위조 주화를 찾아라!

열두 개의 주화가 있다. 겉으로 보기에는 어느 것이나 모두 똑같아 분간할 수 없지만, 그 가운데 한 개는 틀림없이 가짜다. 그런데 그 가짜 주화는 진짜와는 무게가 다르다. 여기에 양팔저울 한 대가 있다. 단 세 번만 사용하여 가짜 주화를 가려내어 보라.

【해답】 주화에다 1에서 12까지 번호를 붙인다. 그런 다음 1, 2, 3, 4의 주화와 5, 6, 7, 8의 주화를 천평 양쪽에 올려놓는다. 이때 양쪽 무게가 똑같으면(따라서 1~8까지의 주화는 진짜다) 나머지 9, 10의 주화와 앞서 달아서 진짜 주화임이 확인된 1에서 8까지의 주화 가운데 1개(7번으로 하자)의 주화, 즉 7번과 11번을 양쪽에 올려놓는다. 양쪽이 똑같으면 나머지 12번이 위조 주화이다.

그러나 만일 두 번째 달았을 때 11, 7의 주화가 9, 10의 주화보다 무겁다면 11이 무겁든가 9나 10이 가볍다는 결과가 된다. 그래서 9와 10의 주화를 천평 양쪽에 올려놓는다. 무게가 같으면 11이 무겁다는 결과가 된다. 그러나 무게가 다르다면 가벼운 쪽이 위조 주화이다.

그리고 처음에 달았을 때 5, 6, 7, 8번의 주화가 1, 2, 3, 4번의 주화보다 무거웠다고 가정해 보자. 이것은 1, 2, 3, 4 중 어느 하나가 가볍든가, 5, 6, 7, 8 중 어느 하나가 무겁다는 의미이기 때문에 1, 2, 5의 주화와 3, 6, 9(9번은 진짜임이 확인되었다)의 주화를 천평에 올려놓는다. 여기서 무게가 같으면 7이나 8이 무겁든가, 4가 가볍다는 말이 되는 것이다. 7과 8을 달아 보면 답이 나온다. 무거운 쪽이 위조 주화이다. 만약 무게가 같으면 4번 주화가 가볍다는 말이며 위조 주화이다.

그런데 1, 2, 5와 3, 6, 9의 무게가 후자가 무거울 때는 6이 무겁든가 1이나 2가 가볍다는 말이 된다. 따라서 1과 2를 달면 답이 나온다. 반대로 1, 2, 5가 무거울 때는 3이 가볍든가 5가 무겁든가 어느 쪽이다. 3번 주화와 진짜 주화(이미 확인된 것 중 아무거나)를 양쪽에 각각 올려놓으면 답을 알게 된다.

Q95. 세 집의 아이들

나는 13세의 초등학교 6학년입니다. 하루는 A, B, C 세 가족의 아이들만 각각 4명씩 모두해서 12명이 우리 집에 모였습니다(우리집은 물론 A, B, C 세 가족 중 한 가족입니다).

그런데 A, B, C 세 가족 아이들의 나이를 합해 보니, 한 사람만 더 있으면 나의 나이 13세로부터 시작해서 12세, 11세……2세, 1세까지 모든 또래가 고루 모여 있었습니다.

그래서 흥미를 가지고 각 가족의 나이의 합계를 내보니까, A집은 41세이며, 그 중에 12세의 소년이 있습니다. B집은 합계 22세이고 그 중에 5세 된 아이가 있습니다. C집은 합계 21세이고 그 중에 4세 된 아이가 있습니다. 그런데 A집에만은 연년생(한 살 터울)이 있습니다. 자, 그렇다면,

(1) 나는 A, B, C 중 어느 집 아이일까요?

(2) 또 세 가족의 아이들은 각기 몇 살씩일까요?

【해답】 (1) B 집

(2) A : 8, 10, 11, 12

B : 1, 3, 5, 13

C : 2, 4, 6, 9

우선 그 자리에 없는 아이의 나이가 몇 살인지를 알아보자.

1+2+……13=91

세 가족의 나이의 합계는

41+22+21=84

따라서 91-84=7, 7세가 된다.

그리고 A가족 네 사람은 12, 6, 10, 13이든가, 12, 8, 10, 11 중 어느 한 가지다(12는 반드시 있다). 또 C가족 네 사람은 4, 1, 3, 13이든가, 4, 1, 6, 10 또는 4, 2, 6, 9 이든가 4, 3, 6, 8 중 한 가지다(4는 반드시 있다).

따라서 A 집은 12, 8, 10, 11이 결정되며, C 집은 4, 1, 3, 13이든가, 4, 2, 6, 9의 어느 한 가지가 될 테지만, C 집에 연년생이 없다고 하니까 4, 2, 6, 9로 결정이 된다.

그러므로 나머지 B 집은 5, 1, 3, 13으로 결정된다.

따라서 나는 B 집의 자녀가 된다.

Q96. 일촉즉발!

두 대의 자동차가 시속 60km의 속도로 양쪽에서 다가오고 있다. 차가 아직 2km쯤 떨어져 있을 때, 초스피드로 나는 파리가 한쪽 차의 앞 범퍼로부터 출발, 맞은편 쪽 차를 향해 시속 120km로 날아갔다.

파리는 그 차에 도착하자마자 다시 출발해서 되돌아가 두 대의 차가 충돌하기 직전까지(부드럽게 말하면 양 차의 범퍼가 서로 닫기 직전까지) 차 사이를 날아간다. 파리는 어느 정도 거리를 날았을까?

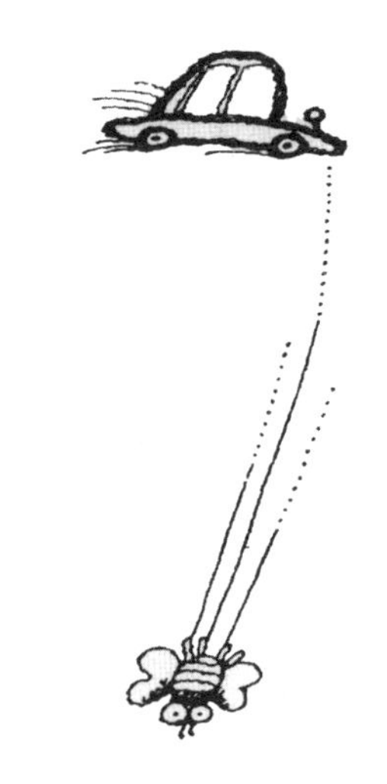

【해답】 2km

이 문제는 순수하게 계산의 문제이지만, 서투른 수학자에게 있어서는 아주 복잡한 문제다.

이런 경우는 보다 간단하게 생각하는 것이 해결의 열쇠가 된다.

"두 대의 차가 충돌하기 직전까지 달리는 시간은 1분이다." 하는 결론이 나온다(양쪽 차가 2km를 사이에 두고 시속 60km로 달려오고 있으므로). 파리는 1시간에 120km 날아서 곧 왔던 길을 되돌아간다.

파리의 시속이 120km, 양쪽 차가 충돌하기 직전까지의 시간은 1분, 그러므로 계산하나마나 파리는 1분간 2km를 난 셈이 된다.

복잡하게 생각하면 한이 없다. 의외로 간단하게 알아낼 수 있다.

Q97. 양말 짝 찾기

서랍 속에는 검은색 양말이 열 켤레, 갈색 양말이 스무 켤레가 있다. 만일 불이 꺼진 캄캄한 방에서 서랍을 열었다고 한다면, 같은 색의 양말을 신기 위해서는 최소한 몇 켤레의 양말을 꺼내면 좋을까?

【해답】 한 켤레 반, 즉 세 짝

설명할 필요도 없겠지만, 발은 오른쪽과 왼쪽 두 개밖에 없다. 양말은 오른쪽 왼쪽 구별이 없으므로 몇 켤레가 들어있는지는 아무런 문제가 되지 않는다. 아무튼 3개만 꺼내 보면 같은 색깔이 세 개이든가 검은색이 2개 갈색이 1개든가 아니면 그 반대이든가 할 것이다.

어떤 빛깔의 양말이 있다 하더라도 세 개만 꺼내 보면 반드시 한 켤레는 만들 수가 있는 것이다.

Q98. 전 타석 홈런

프로야구 센트럴리그의 S팀 4번타자인 톰은 전 타석 홈런이라는 실로 경이적인 기록을 세웠다. 게다가 양 팀에서 홈베이스를 밟은 선수는 톰 한 사람뿐이었다.

그렇다면 이런 경우 톰이 올릴 수 있는 최대의 득점 수는 몇 점일까?

【해답】 6점

될 수 있는 한 톰에게 많은 타순이 돌아가도록 해야 하는데, 톰 이외에는 홈베이스를 밟은 선수가 없다고 했으므로 톰의 앞에 주자가 있어서는 곤란하다. 그래서 한 예를 들어 보면 다음과 같다.

1회 : 3자 범퇴

2회 : 톰이 쳐서 홈런(1점), 5, 6번이 아웃된 뒤 7, 8, 9번이 진루해서 풀 베이스가 되지만, 1번이 삼진아웃.

3회 : 2, 3번이 아웃된 다음 톰이 홈런을 날린다(1점). 그리고 5, 6, 7번이 출루했으나 8번이 아웃.

4회 : 9번, 1번이 삼진아웃, 2번이 출루했으나 3번 아웃.

5회 : 2회와 같고(1점)

6회 : 3회와 같고(1점)

7회 : 4회와 같고,

8회 : 2회와 같고(1점)

9회 : 3회와 같다(1점)

결국 톰은 2, 3, 5, 6, 8, 9회 각 한 번씩 솔로 홈런으로 점수를 올릴 수가 있다.

Q99. 빚과 시계

S는 M에게 2만 원을 빌려 주었다. 독촉을 했지만 갚지를 않아 S는 M에게 M이 차고 있는 손목시계를 3만 원에 사겠다고 제의했다. 그 시계는 값이 더 나가는 것이기에 S는 이 거래는 손해 보지 않겠다고 생각했기 때문이다. 얘기가 잘 되어 S는 M에게 시계 값 3만 원 중에서 빚진 돈 2만 원을 제하고 1만 원을 지불했다. 아주 잘됐다고 기뻐하고 있던 S는 얼마 후 그 시계가 S도 잘 아는 M의 친구인 P로부터 M이 빌려 찬 것이라는 사실을 알았다. 그래서 S는 하는 수 없이 P에게 시계를 돌려주는 대신 4만 5천원을 지불했다.

그러면 이 거래로 인해 S는 결국 얼마의 손해를 보았는가?

단, 시계 값을 4만 5천원이라고 치기로 하자.

【해답】 3만 원

S의 손해는 M에게 빌려준 2만 원과 추가로 1만 원 합해서 3만 원이다.

Q100. 8개의 8자

8개의 8을 짜 맞추어서 더하면 1000이 되도록 해보라.

【해답】

$$\begin{array}{r} 888 \\ 88 \\ 8 \\ 8 \\ +\quad 8 \\ \hline 1000 \end{array}$$

Q101. 사라진 네모꼴

위 그림과 같이 삼각형을 네 부분으로 잘라 다시 아래 그림과 같이 맞추어 보았다. 그런데 아래 그림의 나머지 네모꼴 한 개는 어디서 나타난 것일까?

어떤 저명한 수학 퍼즐 애호가는 이 문제에 대해서,

"내가 알고 있는 것 중에서 가장 많은 사람들을 괴롭혔던 퍼즐이다."

라고 말하고 있다.

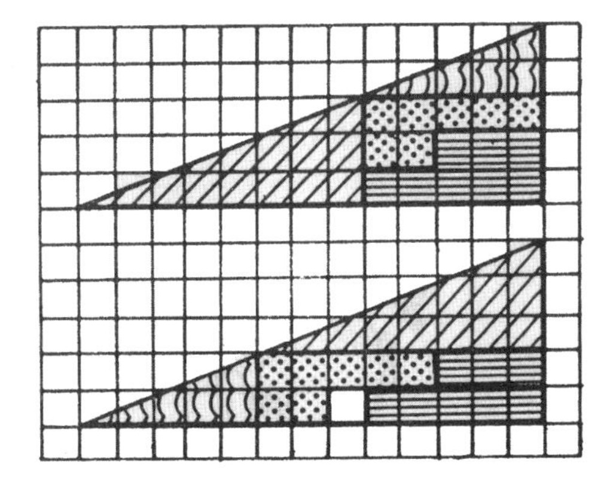

【해답】

선을 부정확하게 그렸기 때문이다. 부정확하게 그은 선으로 말미암아 두 면적에 약 3퍼센트의 차이를 생기게 했다.

Q102. 분동은 몇 개?

천평을 사용하여 1그램에서 40그램까지 몇 그램이건 달 수 있게 하려면 분동은 최소한 몇 개가 필요할까?

또한 그 분동의 무게는 각기 몇 그램일까?

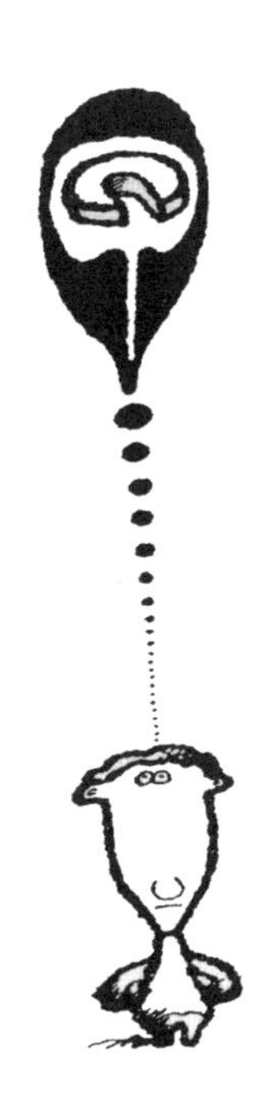

【해답】 1그램, 3그램, 9그램, 27그램의 분동 각 1개씩

Q103. 모래시계

3분을 잴 수 있는 모래시계와 5분을 잴 수 있는 모래시계로 4분을 잴 수 있을까?

【해답】

(1) 3분계와 5분계의 모래를 동시에 떨어뜨리기 시작한다.

(2) 3분 후, 3분계가 0, 5분계가 2분 남아 있는 시점에서 3분계를 뒤집어 놓고 2분이 경과하면 5분계는 0, 3분계는 1분 남는다.

(3) 3분계를 다시 뒤집어 2분간의 모래가 위로 가게 한다.

(4) 남은 2분간의 모래가 다 떨어지면 합해서 4분이 된다.

Q104. 두꺼비

마이크가 자신이 경영하는 작은 패트 샵에 들어가 있을 때, 시끄럽게 울어대던 두꺼비의 울음소리가 들려오지 않았다. 그는 이상하게 생각하고 아내에게 물었다.

“두꺼비가 어떻게 된 거요? 설마 모두 팔아버린 건 아니겠지?”

“팔아 버렸어요. 어찌나 시끄러운지 원, 백 마리 모두 20달러에 팔았죠.” 하고 수잔이 대답했다. “나는 당신이 그놈들을 다음과 같은 값으로 팔리라는 것을 이미 알고 있었지요. 5마리 한 묶음이면 97센트, 3마리 한 묶음이면 67센트, 그리고 낱개로 1마리씩은 25센트에 말이에요.”

그러면 수잔이 낱개로 1마리씩 판 것은 모두 몇 마리였을까?

【해답】 6마리

5마리 세트가 x개, 3마리 세트가 y개, 1마리씩은 z마리 팔았다고 하자.

$5x+3y+z=100$ ············.············(1)

$97x+67y+25z=2,000$ ···············(2)

(1), (2)로부터 z를 지우면

$7x+2y=125$ ·········.··················(3)

x는 홀수이므로

$x=2n+1$로 나타낼 수 있다.

이것을 (3)에 대입시키면 $y=59-7n$

이 x, y를 (1)에 대입시켜

$z=11n-82$

$x>0,\ y>0,\ z>0$으로부터

$\frac{82}{11} \leqq n \leqq \frac{59}{7}$이 되니까 $n=8$

$x=17,\ y=3,\ z=6$

결국 1마리씩 판 것은 6마리임을 알 수 있다.

Q105. 사막 횡단

걸어서 횡단하는 데 6일이 걸리는 불모의 사막에 도전하려는 탐험가가 있다. 그런데 한 사람이 등에 지고 나를 수 있는 식량과 물은 한 사람이 4일 동안밖에 먹을 수가 없다.

이 탐험가는 최소한 몇 사람의 짐꾼을 고용하면 되겠는가? 또는 어떤 방법으로 사막을 횡단해야 할까?

물론 짐꾼을 사막에서 죽게 해서는 안되겠죠?

【해답】

(1) 2명

(2) 우선 세 사람이 제각기 4일분의 식량과 물을 짊어지고 출발한다.

첫째 날의 행군이 끝나면 짐꾼 A는 탐험가와 짐꾼 B에게 각각 하루분의 짐을 건네주고 하루분만의 식량과 물을 가지고 출발점으로 되돌아간다.

둘째 날의 행군이 끝나면 짐꾼 B는 하루분의 짐을 탐험가에게 건네주고 이틀분의 짐을 가지고 돌아간다. 그때 탐험가는 나머지 나흘간의 행군에 필요한 식량과 물을 가지고 혼자서 사막을 횡단하면 되는 것이다.

Q106. 술장수의 유언

술장수가 세 아들에게 술이 가득 든 술통을 일곱 개, 절반이 들어 있는 술통을 일곱 개, 빈 술통을 일곱 개 남기고 세상을 떠났다.

그런데 유언장에는 세 아들이 가득 찬 술통과 절반이 든 술통, 또 빈 술통을 제각기 똑같은 개수로 나누어 갖도록 되어 있었다. 세 아들이 유언대로 술통을 나누어 가지려면 어떻게 하면 될까?

【해답】

술이 절반이 든 술통 네 개를 합해 두 통으로 만든다. 이렇게 하면 가득 찬 통이 아홉 개, 절반이 들어 있는 통이 세 개, 빈 통이 아홉 개가 되므로 이것을 셋이서 똑같이 나누면 된다.

Q107. 유산의 배분

한 아버지가 세 자식에게 다음과 같은 유언을 했다.

"만일 내가 죽은 뒤 내 재산 3천만 원을 너희들의 나이에 비례해서 나누어 갖도록 해라."

그런데 지금 당장 나눈다면 둘째아들은 1천만 원을 받았을 텐데, 아버지는 그 후 8년을 더 살다 돌아가셨다. 그래서 유언대로 3천만 원을 배분하게 되어, 큰아들은 1천 4백만 원을 받았다.

그러면 둘째와 셋째는 얼마씩 받았을까?

【해답】 둘째아들 1천만 원
셋째아들 6백만 원

8년 전에 유산을 배분했다면 둘째아들이 1천만 원을 받게 된다. 따라서 큰아들과 셋째아들은 합쳐서 2천만 원을 받았다는 계산이 된다.

다시 말해 큰아들과 셋째의 나이의 합계는 둘째의 두 배라는 계산인 것이다. 그런데 두 배라는 관계는 몇 년이 지나도 변함이 없다.

예를 들면, 큰아들 13세, 셋째아들 7살(둘의 합은 20살) 둘째는 10세가 되고, 그 이듬해에는 14, 8살(그 합이 22), 둘째가 11살로 두 배이다.

그러므로 둘째아들이 받을 유산은 언제가 되더라도 1천만 원이다. 단지 큰아들과 셋째만이 그 비율이 달라지지만, 문제에서 큰아들은 이미 1천 4백만 원을 받았기 때문에 셋째는 나머지 6백만 원을 받게 된다.

Q108. 신문지를 50번 접으면

한 장의 신문지를 반으로 접고 그것을 다시 반듯하게 반으로 접는다. 그리고 또 다시 반으로……이렇게 50번을 접는 데는(만약에 가능하다면) 많은 시간이 걸리는 것은 아니다. 한 번 접는 데 1초가 걸린다고 가정하면 50번이라면 1분이면 충분하다.

신문 한 장의 두께를 0.1밀리미터라고 가정해 보자.

자, 그러면 50번을 접었을 때 신문지의 두께는 과연 어느 정도나 될까?

【해답】 112.590,000km

대개의 사람들은 종이가 50번 접혀진 두께라 생각하고 5밀리미터라고 대답한다. 어떤 사람은 기하급수의 문제라고 생각해서 수km가 되지 않을까, 라고 답하기도 한다.

실제는 2의 50제곱이다.

우리들은 2배, 3배……50배라면 이미지가 선뜻 떠오르지만 2배, 4배, 8배……이런 식으로 50번을 거듭한 결과 같은 비현실적인 상황에는 아무래도 생각이 미치지 못한다.

결국 경험이 없는 일에 대한 우리들의 이미지는 실로 빈곤할 따름이다.

반대로 현실적인 이미지가 지나치게 강렬하여 새로운 이미지에 방해 요인이 되는 경우도 있다.

답 112,590,000km는 지구에서 태양까지 거리의 3분의 2 이상에 상당한다. 답을 말해 줘도 워낙 엄청난 숫자에 놀라 실감할 수가 없을 것이다.

Q109. 호수의 연꽃

호수에 한 떨기 연꽃이 떨어졌다. 이 연꽃은 24시간마다 배로 불어난다고 한다. 그런데 연꽃이 60일 뒤에는 수면을 완전히 다 덮는다. 호수의 수면이 절반쯤 덮일 때는 며칠째일까?

【해답】 59일째

이 문제는 앞서 아메바 문제의 오리지널 타입이다.

Q110. 소포의 크기는?

길이 360센티미터 되는 끈으로 아래 그림처럼 직육면체의 소포를 묶으려고 한다. 말하자면, 세로로 한 번 가로로 두 번 줄을 감아 다 감긴 줄의 모양이 아래 그림처럼 되었을 때 과연 이 소포가 최대의 크기가 되려면 그 부피는 얼마나 될까?

단, 매듭에 필요한 길이는 고려하지 않기로 한다.

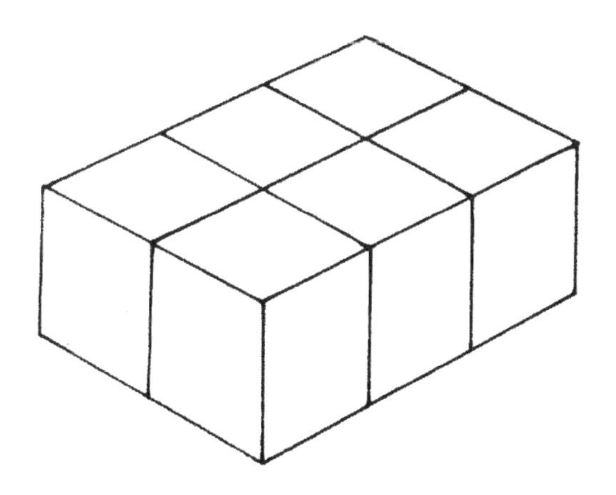

【해답】 $36{,}000cm^3$

이 문제를 풀기 위한 키포인트는 부피를 최대로 하는 방법을 연구해야 하는 점이다. 그렇다면 그것은,

최대의 길이×최대의 폭×최대의 높이가 된다.

끈의 길이는 직육면체 소포의

(세로×2)+(가로×4)+(높이×6)=360cm라는 것은 그림을 보면 분명해진다.

이렇게 합계가 360cm로 한정되어 있을 때 세로 2번 가로 4번 높이 6번으로 각각 사용되는 길이가 모두 같아질 때 소포의 부피는 최대가 된다. 이것은 가령 이 세 가지 길이가 서로 다른 경우를 생각하면 잘 알게 된다. 짧은 쪽을 늘리고 긴 쪽을 줄여 감에 따라 부피는 커져서 길이가 같아졌을 때 최대가 된다.

세로$=\frac{360}{3}\div2=60$(cm)

가로$=\frac{360}{3}\div4=30$(cm)

높이$=\frac{360}{3}\div6=20$(cm)

Q111. 한 번에 그리기

다음 도형을 한 번에 그려 보라.

오일러의 한 번에 그리기의 공식대로라면 불가능하겠죠? 하지만 방법은 있다.

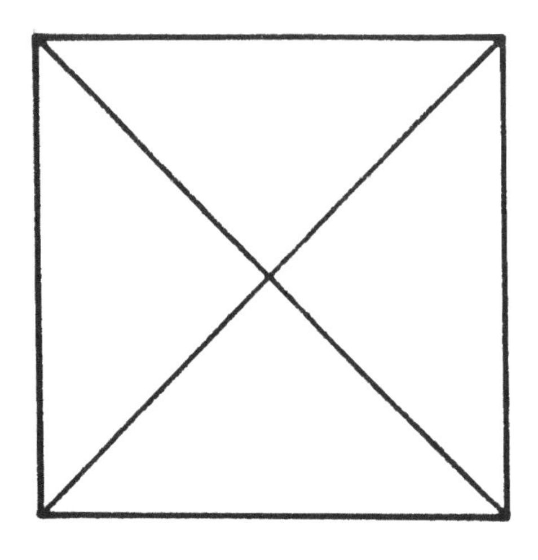

【해답】

종이를 그림과 같이 접어서 ㄷ자를 그린다. 그런 다음 종이를 원래대로 펼쳐서 도형을 완성시킨다.

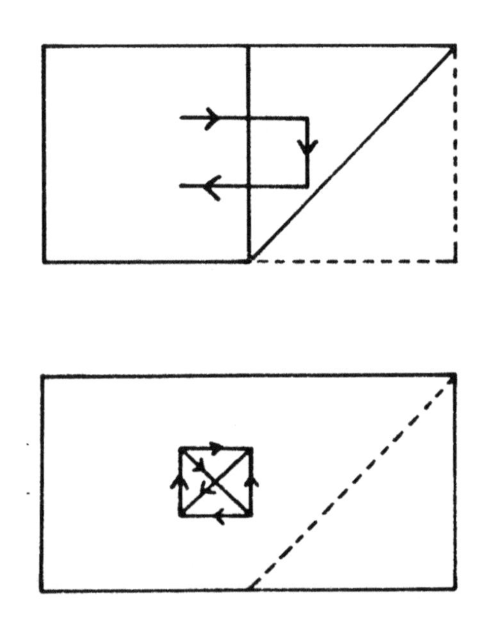

Q112. 가벼운 주화

주화가 가득 든 자루가 열 개 있다. 주화는 어느 것이나 겉으로 봐서 똑같게 보이지만, 한 개의 자루에 들어 있는 주화만은 다른 아홉 개의 자루 속의 것보다 주화 1개당 1그램이 가벼운 것들이다. 곁에는 저울이 있지만, 단 한 번만 사용해서 어느 자루에 가벼운 주화가 들어 있는지를 알아맞혀 보라.

【해답】

자루에다 1부터 10까지의 번호를 붙인다. 그런 다음 1번 자루에서 주화 한 개, 2번에서 두 개……10번 자루에서 10개를 꺼낸다.

그런 다음 꺼낸 주화를 전부 한꺼번에 단다. 이렇게 하면 가벼운 주화 번호 분의 그램 수만큼 본래의 무게보다 가볍게 되어 있다.

Q113. 태양을 몇 번 보았을까?

중간에 급유를 하지 않고도 지구를 한 바퀴 돌 수 있는 비행기를 타고 적도를 따라 어떤 여름날 초하루 정오에 서쪽을 향해 떠났다. 마침내 그 달 5일 정오에 지구 일주를 끝내고 출발점으로 돌아왔다.

비행기의 조종사는 비행 중에 태양이 동쪽에서 떠오르는 것을 몇 번이나 볼 수 있었을까?

물론 조종사는 그동안 한 번도 자지 않았으며, 비행기는 구름 위를 날았다.

【해답】 세 번

지구를 일주하지 않고 지상의 한 곳에서 태양을 본다면 네 차례 보게 된다. 그런데 비행기를 타고 서쪽으로 돌아 지구를 일주했으므로 한 번이 줄어서 세 차례가 되는 것이다.

Q114. 정원에 나무심기

정원에다 열 그루의 나무를 다섯 줄로 나란히 거기다가 한 줄에는 네 그루씩의 나무가 심겨지도록 했으면 한다. 어떻게 하면 좋을까?

【해답】 그림과 같다.

사고의 전환이 필요하다. 열이나 줄이라면 항상 바둑판같이 정연하게 늘어선 것만을 머리에 떠올리게 된다. 이러한 고정관념에서 벗어나서 보다 폭넓은 사고가 필요하게 된다.

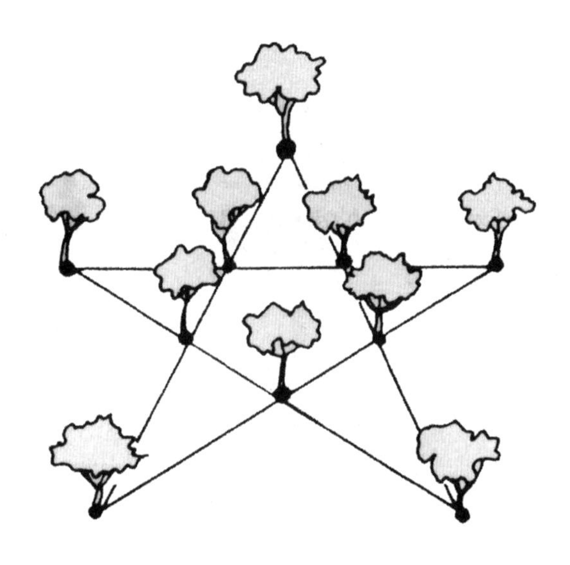

Q115. 인공 다이아몬드

그림과 같은 종이가 있다. 그런데 이것은 선대로 오려 다시 짜 맞추어 아래 그림의 다이아몬드 모양으로 만들고 싶다. 그러나 아래 그림의 다이아몬드 모양은 다섯 조각으로 오려서 완성했다. 하지만 그 이하의 조각으로도 다이아몬드를 만들 수 있다.

그렇다면 자르지 않은 원상태에서 다시 오린다면 최소한 몇 조각으로 짜 맞출 수 있을까?

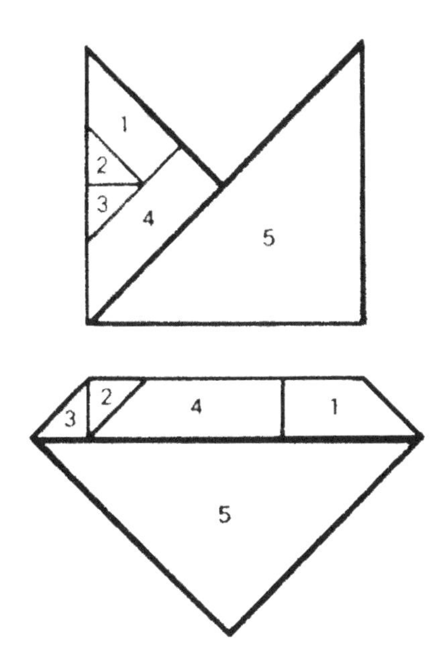

【해답】 두 장

그림과 같다.

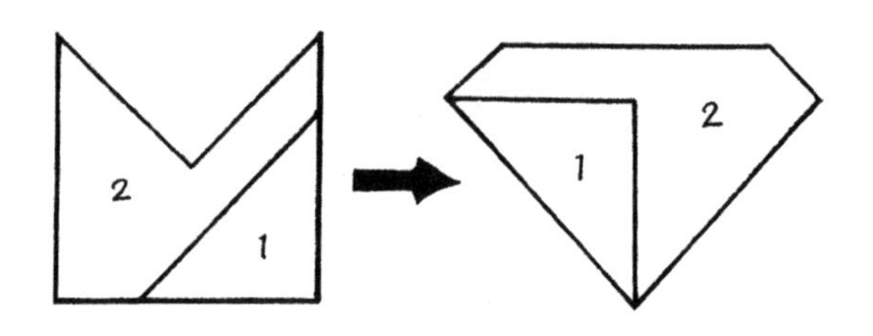

Q116. 케이크 자르기

케이크를 나이프로 세 번만 잘라서 8등분을 하려면 어떻게 하면 좋을까?

【해답】 그림과 같다.

우선 세로로 직각으로 두 번 잘라 4등분하고, 다음에 옆으로 나이프를 넣어 자르면 8등분이 된다.

상식적인 방법에 대해서 우선 의심해 보자.

Q117. 종이접기

엽서만한 크기의 종이를 그림과 같은 모양으로 오로지 가위만을 사용해서 만들 수 있을까?

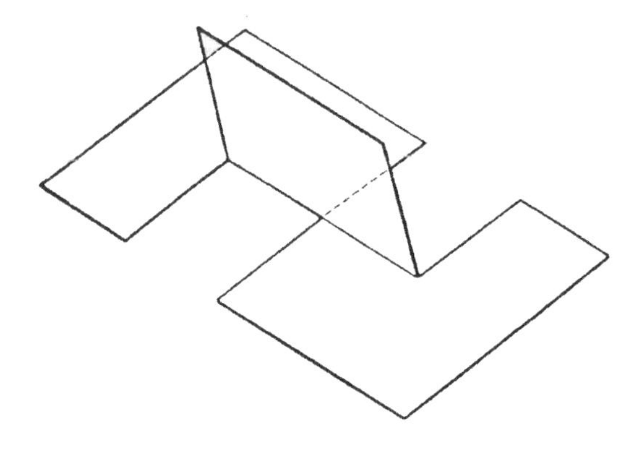

【해답】 그림과 같다.

아래 그림과 같이 (1) (2) (3) 세 부분을 잘라 A 부분을 직각이 되게 앞쪽으로 접은 다음, B 부분을 직각이 되게 뒤로 270°돌려 접는다.

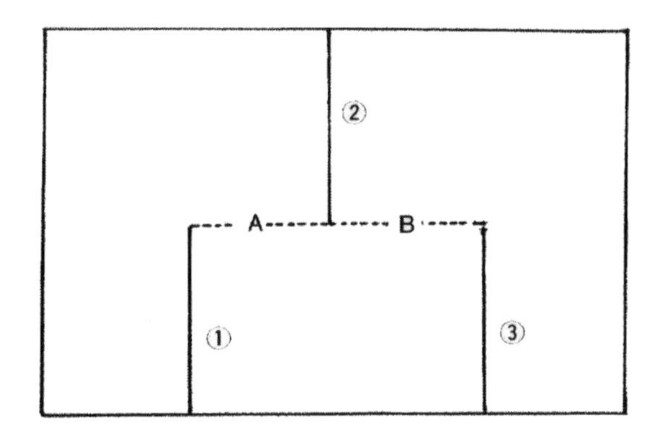

Q118. 늑대를 가둬라!

아홉 마리의 늑대가 그림과 같이 사각형의 우리 속에 들어 있다. 두 개의 사각형을 그려 아홉 마리를 각각 다른 우리에 가두어 보라.

【해답】 그림과 같다.

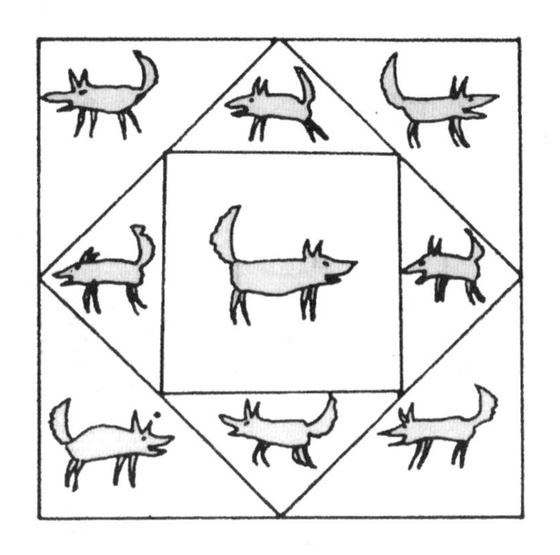

Q119. 양을 우리에

양들은 둥근 우리 속에 들어 있다. 세 개의 원을 그려 열 마리를 각기 다른 우리에 가두어 보라.

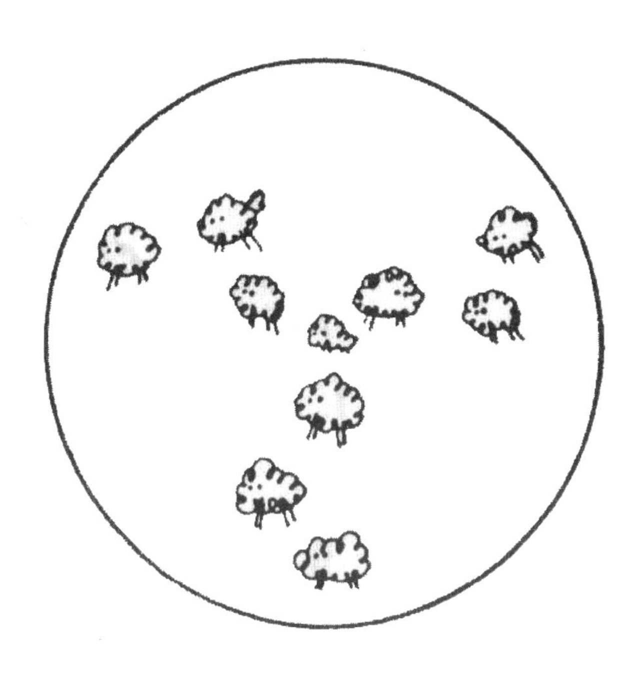

【해답】 그림과 같다.

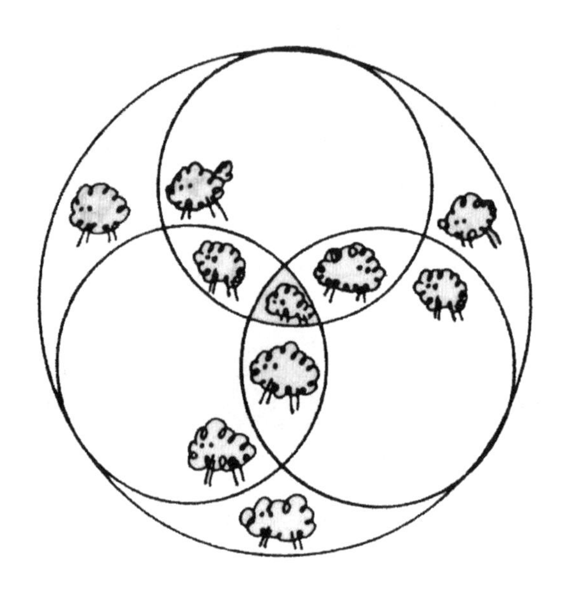

Q120. 점과 선의 베리에이션

16개의 점이 있다. 이것을 6개의 직선을 그어 한 번에 연결해 보라.

【해답】 그림과 같다.

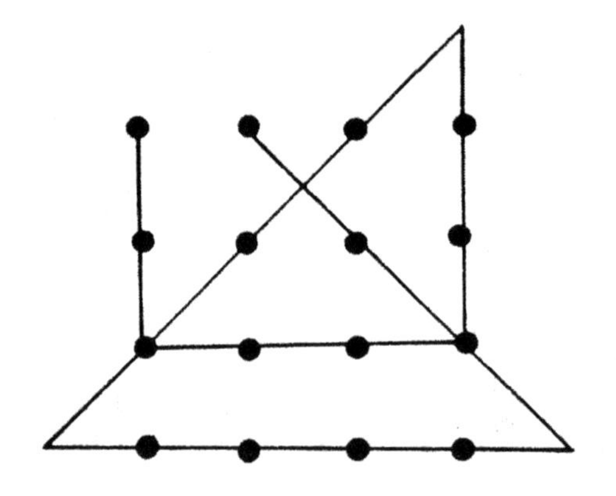

Q121. 베리에이션의 베리에이션

그림에서의 9개의 동그라미를 3개의 직선으로써 한 번에 연결시킬 수가 있을까?

앞의 문제에서는 점을 연결하는 것이지만, 이 문제는 동그라미라는 것에 유의하기 바란다.

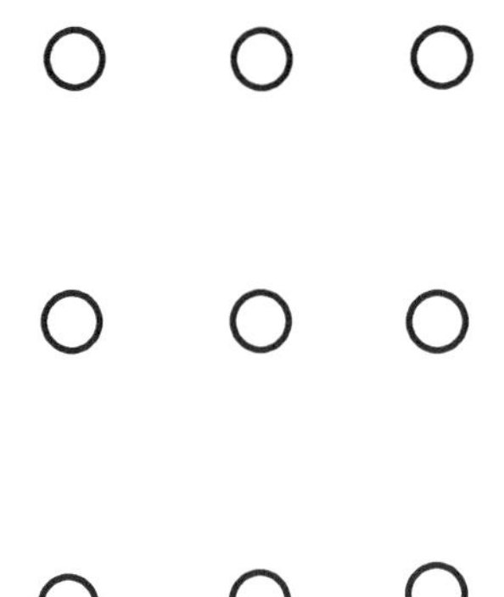

【해답】

동그라미는 점보다 더 크므로 그림과 같이 연결시킬 수가 있다.

주어진 조건만을 고려할 일이다. 제멋대로 만든 심리적인 제한에 구애되어서는 안된다.

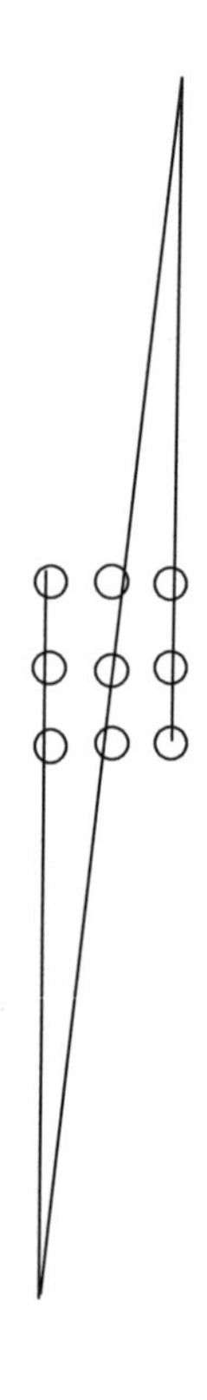

Q122. 삼각형은 전부 몇 개?

그림 속에는 삼각형이 몇 개가 있는가?

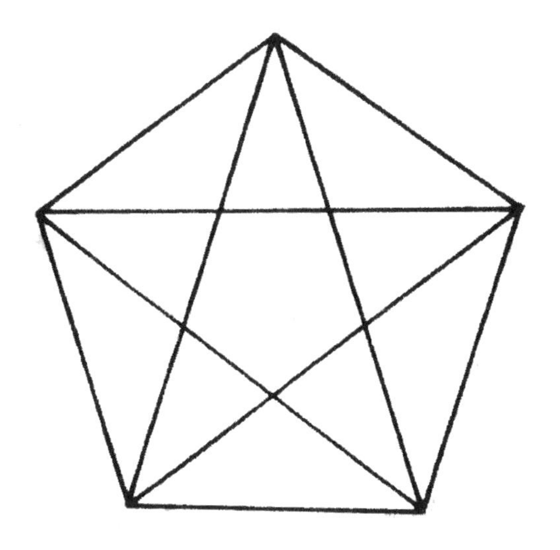

【해답】 35개

그림과 같다.

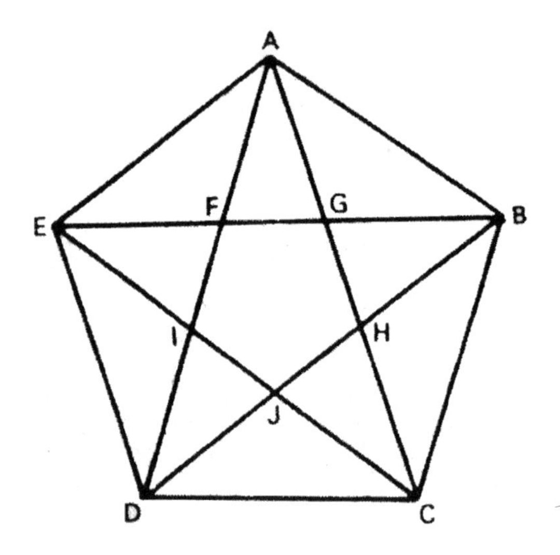

Q123. 명사수

점수판이 그림과 같은 사격 과녁이 있다. 득점 합계가 꼭 100점이 되도록 쏘려면 최소한 몇 번을 어떤 점수를 쏴야 할까?

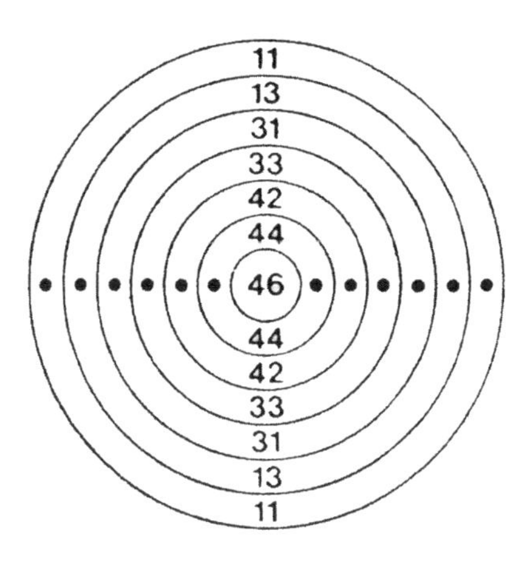

【해답】 13점짜리 6번, 11점짜리 2번, 합해서 8번

득점 합계가 100이 되는 방법은 이 한 가지밖에 없다.

Q124. 온천이 솟는 땅

성냥개비 20개를 이용하여 한 변에 5개의 성냥개비를 늘어놓아 온천 주위에 정사각형의 토지를 조성한다. 그런 다음 중앙에 성냥개비 1개씩을 놓아 정사각형의 온천을 판다.

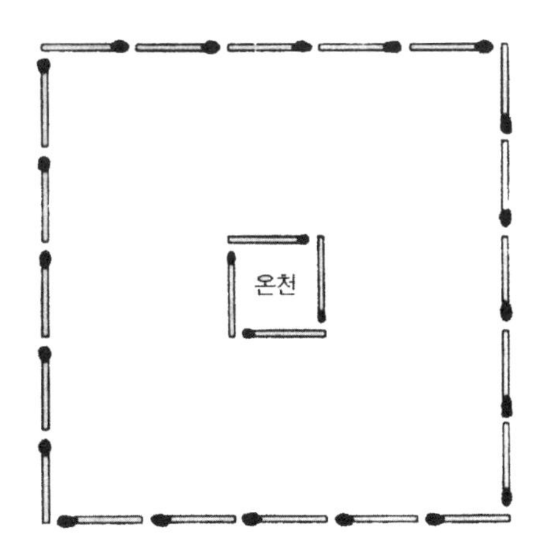

그리고 온천 주변의 토지를 성냥개비 20개를 울타리로 이용하여 8개의 같은 모양과 크기로 나누어 보자.

그리고 역시 성냥개비 20개를 이용해서 어떤 분양 토지에나 온천탕 물을 똑같은 조건으로 끌어들일 수 있도록 하기 위하여 모든 토지를 온천에 접하게 하고 온천에 접한 길이가 모두 똑같게 하고자 한다. 만일 토지를 이렇게만 분양할 수 있다면 분양 당일 전부 다 매각이 될 텐데 어떻게 방법이 없을까?

【해답】 그림과 같다.

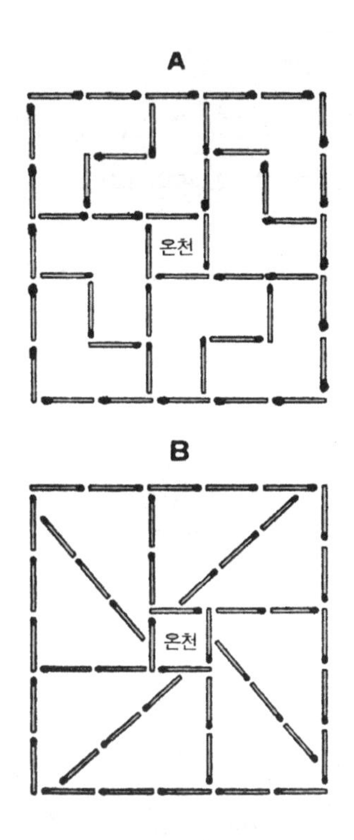

Q125. 고속도로 설계

중동의 어느 산유국에서 A, B, C, D 네 도시를 잇는 고속도로를 사막에 만들 계획이 수립되었다.

제1안은 프로젝트 O라고 이름 붙여졌는데, 전체의 길이가 400 km이다. 그러나 예산 부족으로 되도록 짧은 편이 좋으므로 보류되었다.

제2안으로 프로젝트 Z(340km)

제3안으로 프로젝트 H(300km)

마지막으로 프로젝트 X로 결정되었다.

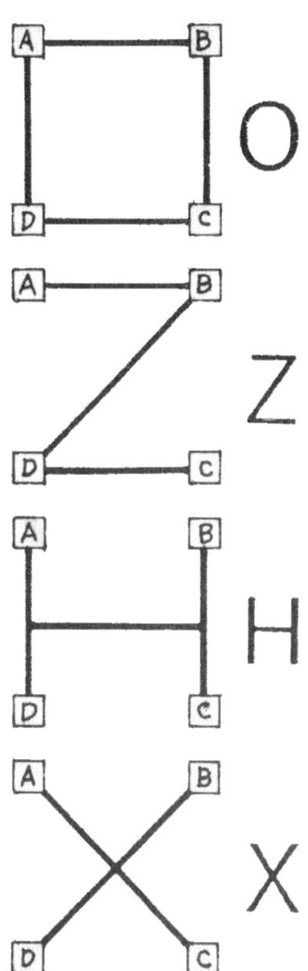

그런데 우리는 프로젝트 X보다 더 짧은 고속도로를 만들 수가 있다. 물론 네 개의 도시를 연결해야 한다.

그러면 그 방법은?

그리고 총 연장은 몇 km인가? (소수점 이하는 반올림)

【해답】 273km

방법은 그림과 같다.

프로젝트 X보다 10km가 짧다. 물론 같은 모양에서 세로 가로를 반대로 해도 마찬가지다.

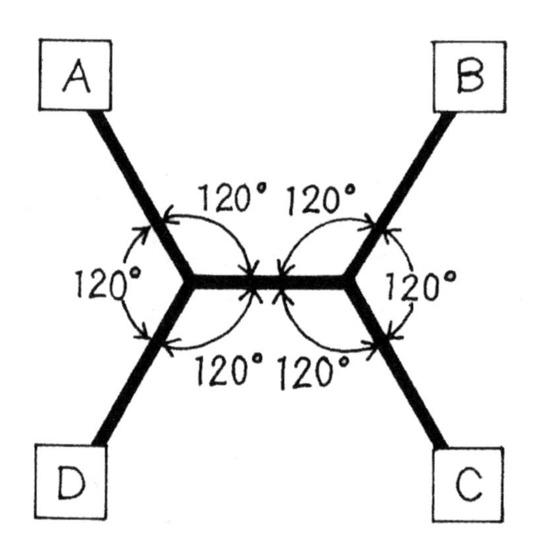

Q126. 지구 개조

지구가 직경 500밀리미터의 완전한 공이라고 가정하자. 이 지구를 깎아내서 정육면체로 만들고자 한다. 정육면체의 부피를 최대로 하려면 한 변의 길이를 얼마로 해야 될까?

그런데 결국 지구는 둥글어야 하기 때문에 조물주는 애써 만든 정육면체를 또 깎아내어 다시 둥근 지구로 만들었다고 하자. 물론 그 상태에서 최대의 공이어야 한다.

자, 그렇다면 이렇게 해서 만들어진 지구와 깎아 내기 전에 원래의 지구의 부피의 비는 과연 얼마일까?

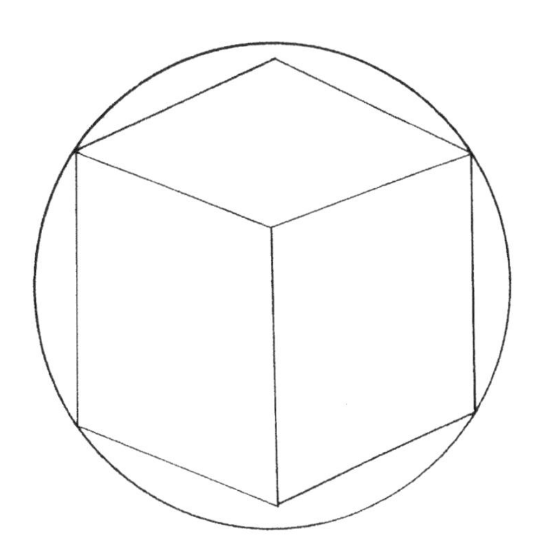

【해답】 288.68mm

약 5.2 : 1

공을 잘라내어 만들 수 있는 입방체를 최대로 하려면 8개의 꼭짓점이 모두 공의 표면에 닿아 있어야만 한다. 따라서 입방체의 중심을 지나는 대각선은 공의 지름이 된다. 그림에서 삼각형 ABC와 삼각형 CBD에 피타고라스의 정리를 적용하면 AC의 길이는 입방체의 한 변의 $\sqrt{3}$배라는 것을 알게 된다.

AB의 길이를 x라 하면

$AB=BD=DC=x$

$BD^2+CD^2=BC^2 \rightarrow x^2+x^2=BC^2$

$AC^2=AB^2+BC^2=x^2+2x^2=3x^2$

따라서 $AC=\sqrt{3}x$ $\sqrt{3}x=500$

$x \fallingdotseq 288.68$이다.

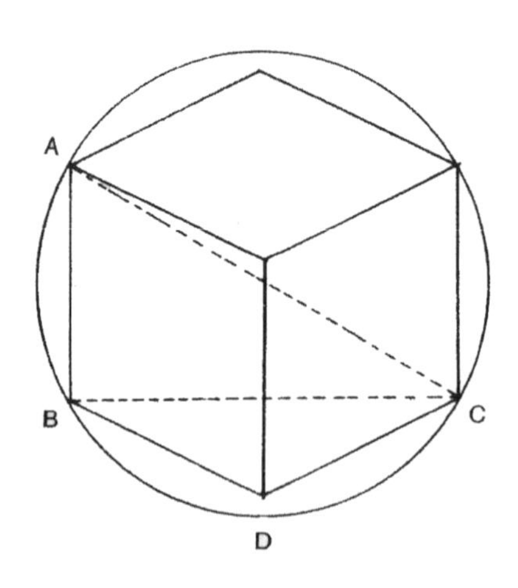

이것을 알면 다음 문제는 간단해진다. 입방체를 깎아서 만들 수 있는 최대의 공의 지름은 입방체의 변의 길이와 같아야 되기 때문에 원래의 공과 제2의 공의 부피의 비는

$500^3 : 288.68^3$ 즉, 약 5.2 대 1이다.

Q127. 어느 쪽이 이길까?

형과 동생이 100미터 달리기를 했다. 첫 번째는 형이 3미터 차이로 먼저 골인했다. 즉 형이 결승점에 들어온 순간 동생은 97미터 지점을 통과한 것이다.

그래서 이번에는 형이 출발선보다 3미터 뒤로 물러나서 출발하기로 했다. 그렇다면 두 번째의 달리기는 어떻게 될까?

단, 두 번째 달리기의 속도도 둘 다 첫 번째와 같다고 한다.

【해답】 형이 이긴다.

일반적으로 무승부라고 생각하기가 쉽다. 그러나 형이 간발의 차이로 먼저 골인한다.

형이 100미터를 달리는 동안 동생은 97미터를 달리므로, 두 번째 달리기에서 형이 100미터, 즉 골인 지점으로부터 3미터 앞에 온 순간 동생과 같아지고 남은 3미터의 경주를 하는 셈이 된다.

그러므로 엄밀히 따진다면

3m → 300cm

300cm×97/100=291cm

300cm–291cm=9cm

즉, 형이 9cm 먼저 골인하게 된다.

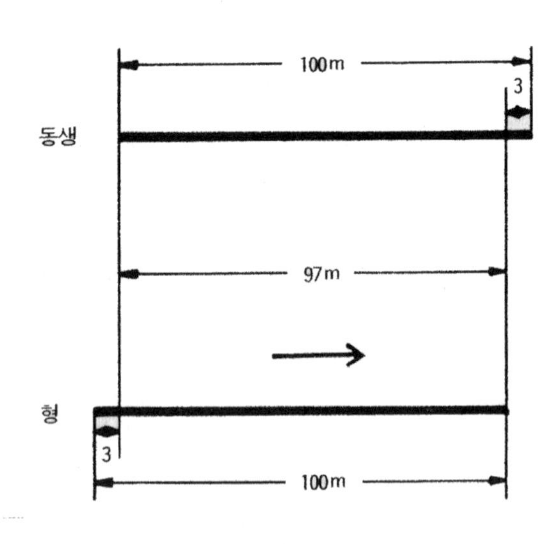

Q128. 달력

1년 중엔 1월처럼 31일이 있는 달이 있는가 하면 4월처럼 30일밖에 없는 달도 있다. 그러면 28일이 있는 달은 몇이 있을까?

【해답】 12달

1월부터 12월까지 어느 달이나 28일이 있다.

Q129. 땅의 분할

그림과 같은 땅이 있다. 네 사람에게 같은 모양, 같은 크기로 분할해 주어야 한다. 어떻게 하면 될까?

【해답】 그림과 같다.

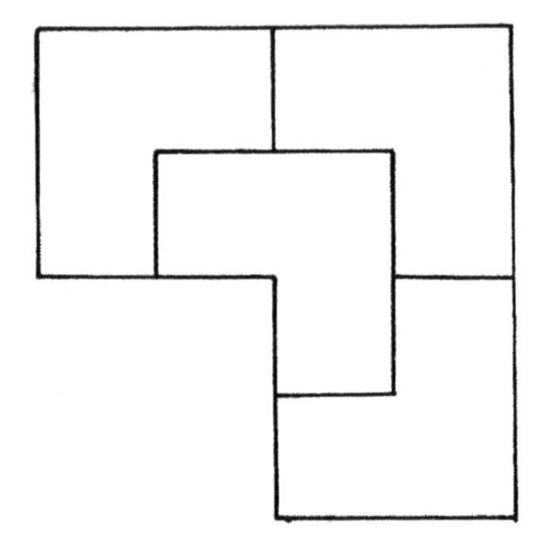

Q130. 탱크에 물 채우기

빈 탱크가 있다. 물을 채우기 위해서는 전기 모터를 이용하는데, 스위치를 넣고 나서 정확히 30분이면 탱크는 가득 차게 된다.

그런데 파이프를 통해서 탱크에 흘러 들어간 물의 3분의 1은 또 다른 파이프를 통해서 욕조로 흘러 들어간다.

그러면, 스위치를 넣음과 동시에 욕조의 파이프로도 물이 흘러 들어간다고 한다면 탱크에 물이 가득 차는 데는 몇 분이 걸리겠는가?

【해답】 45분

탱크의 물이 3분의 1이 줄어드니까 그것을 채우기 위해서 30분의 3분의 1은 더 걸리겠군…… 그렇게 계산해서 40분 걸린다고 생각하면 곤란하다.

30분간이면 3분의 1이 줄고 3분의 2가 채워진다. 다시 말하면 3분의 2를 채우는 데 30분이 걸리므로,

30÷2/3=45 따라서 45분이 걸린다.

Q131. 언젠가는 돌아오겠지

그림과 같은 네 개의 톱니바퀴가 차례로 맞물려 있다. 어느 것이나 모두 축의 위치는 고정되어 있다.

왼쪽에서 두 번째 톱니바퀴가 구동바퀴인데, 톱니 수는 21개이다. 여기에 물려서 따라 도는 세 개의 톱니바퀴의 톱니의 갯수는 그림처럼 각각 10, 12, 17개이다.

그러면 정지해 있던 톱니바퀴가 움직였을 때 구동바퀴가 몇 번 돌면 네 개의 톱니바퀴가 모두 원래의 위치로 돌아갈 수 있을까?

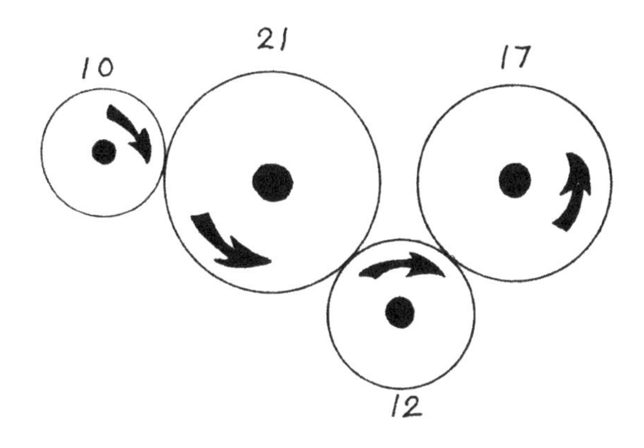

【해답】 340회

구동 톱니바퀴가 톱니의 1개분만큼 돌 때마다 다른 톱니바퀴도 톱니 하나만큼 돈다는 것은 톱니가 서로 물고 돌아가기 때문에 당연한 현상이다.

네 개의 톱니바퀴가 모두 다 원위치로 돌아가기까지 돌아가는 최소의 톱니의 수를 n이라 하자.

4개의 톱니바퀴는 모두가 일정한 톱니 수만큼 회전해야만 하기 때문에 n은 10, 21, 12, 17의 최소공배수가 된다.

따라서 n은 7,140이 된다. 톱니의 수가 7,140이므로 구동바퀴가 한 바퀴 회전할 때 소요되는 톱니의 수 21로 나누면,

7,140÷21=340이 된다.

Q132. 배열판은 몇 개가 필요한가?

층계의 옆에 그림과 같은 사각형의 배열판을 붙여 디자인의 변화를 주고 싶다. 계단은 10개인데 배열판은 모두 몇 개가 필요할까?

물론 1+2+3+……하는 식으로 모두 10까지 더하면 답이 나오겠지만, 좀 더 요령있는 계산법은 없을까?

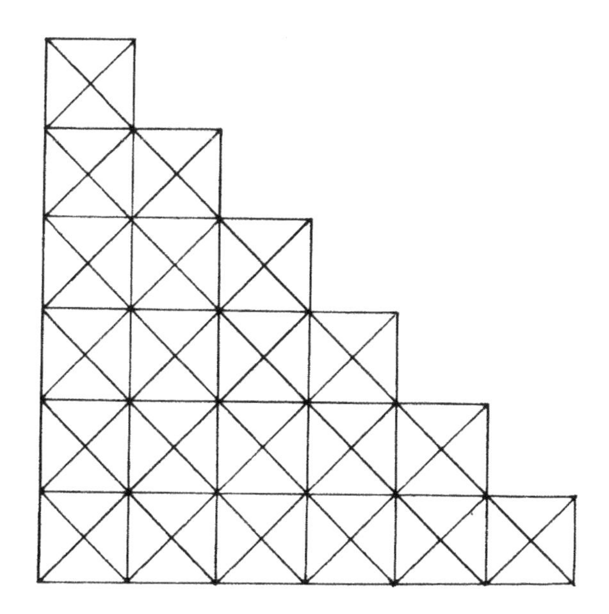

【해답】 55장

〈웰터하이머의 배열판 수〉라는 유명한 문제다. 단순한 수식으로 계산하면 1+2+3……10=55가 된다.

19세기 독일의 위대한 수학자 프리드리히 가우스는 어렸을 때부터 계산에 뛰어났다. 그가 여섯 살 때 선생님이, "1에서 10까지의 수를 차례로 더하면 몇이 되지?" 하는 문제를 냈다.

선생님은 어린아이들이니까 상당한 시간이 걸리겠지 하고 생각했으나 선생님이 칠판에 문제를 쓰자마자 손을 드는 아이가 있었다. 바로 가우스였다. "55예요."라고 대답하는 것이었다.

그렇다면 가우스는 어떻게 그렇게 빨리 답을 말했을까?

가우스는 1+2+3+4……10의 수식에서 왼쪽 끝과 오른쪽 끝의 합계는 그 안쪽에 있는 것끼리의 합계와 같다는 것을 알아냈던 것이다.

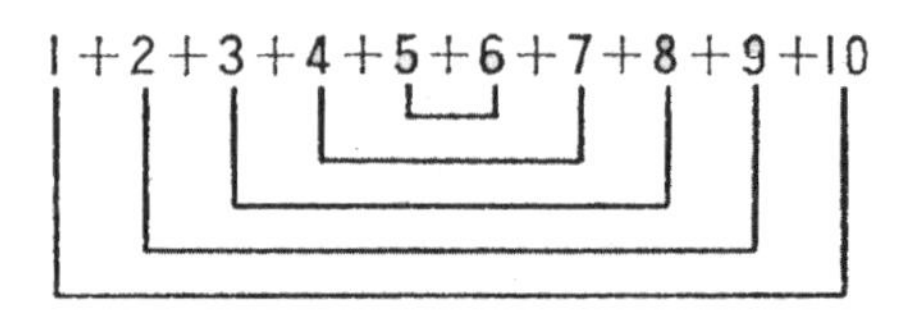

수식의 이와 같은 구조를 간파하면 양쪽의 합이 11, 결국 이런 조합이 5개가 되니까 합계는 55라는 답이 나온다.

즉, 구하는 배열판의 수를 Sn이라고 하고 계단의 수를 n이라고 하면,

$Sn=\frac{n(n+1)}{2}$라는 공식이 나온다.

가우스는 여섯 살 때 이미 공식의 요점을 발견하고 즉시 대답할 수가 있었던 것이다.

Q133. 총알보다 빠른 비행기

두 사람이 비행기를 타고 가면서 대화를 했다.

"이봐, 내가 한 가지 기발한 생각이 떠올랐는데, 권총을 쏴도 탄알이 튀어나가지 않는 거야."

"그게 무슨 말이야?"

"만약 지금 비행기의 속력이 마하(소리의 속도)를 초월해서 탄환의 속도와 같아졌다고 가정하면 말이야, 점보여객기의 객석 뒤쪽의 괴한이 앞쪽의 승객에게 권총을 발사했는데, 스피드가 초속 400미터라 하고 비행기도 초속 400미터라면 탄환은 승객에게 맞을까?"

"물론이지. 더 빨리 맞겠지. 탄환의 속도와 비행기의 속도가 모두 400미터이니까. 탄환은 400+400=800의 속도로 날아가 승객에게 맞겠지."

"그런가? 그게 관성의 법칙인가?……그렇다면 앞쪽의 승객이 괴한에게 권총을 발사한다면?"

"반대로 400—400=0 즉, 속도가 제로가 되면?"

"속도가 제로인 탄환은 권총을 발사해도 날아가지 않을까? 또 비행기가 410미터, 탄환의 속도가 400미터였다면, 400-410=-10, 그렇다면 탄환이 뒤로 날아간다는 얘긴데……?"

두 사람의 대화 중 논리가 맞지 않는 것은?

【해답】

탄환의 속도가 제로라고 함은 지상에 대해서이지 날고 있는 비행기에 대해서는 역시 400미터의 속도로 날아간다.

재미있는 것은 이것은 지상에서 보고 있으면 권총의 총구에서 나온 탄환은 조금도 나아가지를 않고 순간적으로 정지해 있다. 그곳으로 괴한이 뒤쪽에서 돌진해 와서 맞게 된다는 기이한 현상이 된다.

Q134. 잠자고 있는 딸

어떤 집에 인구 조사원이 방문했다. 그 집 여주인에게 아이들의 수와 나이를 물었다. 그러자 부인은,

"우린 딸이 셋 있는데, 세 아이의 나이를 전부 곱하면 36이고 더하면 이웃집 번지수와 같습니다."라고 대답했다.

조사원은 이웃집 번지를 확인한 후 다시,

"그것만으로는 불충분한데요?"라고 말했다.

그러자 부인은,

"큰딸은 이층에서 자고 있는데요."라고 대답했다.

조사원은 그 말을 듣자 곧 세 딸의 나이를 알아냈다.

그렇다면 세 딸의 나이는?

또 어떻게 해서 알았을까?

【해답】 9살의 큰딸과 두 살짜리 쌍둥이

조사원은 세 딸의 나이의 합계와 곱을 알 수 있었음에도 굳이 그것만으로는 충분하지가 않다고 말했습니다. 그것은 합과 곱 모두가 똑같이 될 수가 있는 세 개의 수가 두 조합 이상 있다는 것이다.

나이의 곱인 36을 세 개의 약수(約數)로 나누어 보면 세 개의 수의 합이 똑같이 되는 약수는 9, 2, 2와 6, 6, 1의 두 조합밖에 없다.

부인의 말에 따라 큰 딸은 쌍둥이가 아니란 것을 알았던 것이다.

Q135. 배의 나이는?

어떤 배의 나이와 그 배의 보일러의 나이를 합하면 49가 된다. 배가 현재의 보일러의 나이였을 때, 보일러의 나이는 현재의 배 나이의 꼭 절반이었다. 배와 보일러의 현재의 나이는?

【해답】 배 : 28살, 보일러 : 21살

Q136. 정기 여객선

어떤 기선 회사는 그 운항시간이 정확하기로 유명하다. 날마다 그리니치 표준시간으로 정오가 되면 영국의 사우스햄턴에서 뉴욕을 향해 정기여객선이 한 척 출항한다.

같은 시각 뉴욕에서도 사우스햄턴을 향해 한 척이 출항한다. 어느 쪽이나 목적지까지는 한 주일이 걸린다. 즉, 이 기선회사의 배가 뉴욕, 혹은 사우스햄턴으부터 출항할 때에 같은 회사의 배가 반대편 쪽으로부터 도착할 것이다. 동쪽으로 가는 배나 서쪽으로 가는 배나 같은 항로를 통과한다.

자, 그렇다면 만일 당신이 사우스햄턴에서 이 배에 탔다고 한다면 뉴욕에 도착하기까지 이 회사의 배를 몇 척 만나겠는가?

【해답】 15척

이 기선회사는 전부 16척이 항상 운항하고 있으며, 당신은 이들 전부와 스쳐 지나가게 됩니다. 물론 당신이 탄 배는 제외해야겠죠.

Q137. 로프 트릭

높이 10미터의 두 개의 깃대가 서 있다. 길이 15미터의 로프 양쪽 끝을 두 개의 깃대 끝에 잡아매어 축 늘어뜨렸다. 로프는 가장 낮은 곳에서 지상 2m 50cm의 곳에 있다. 깃대는 어느 정도 떨어져 세워져 있을까?

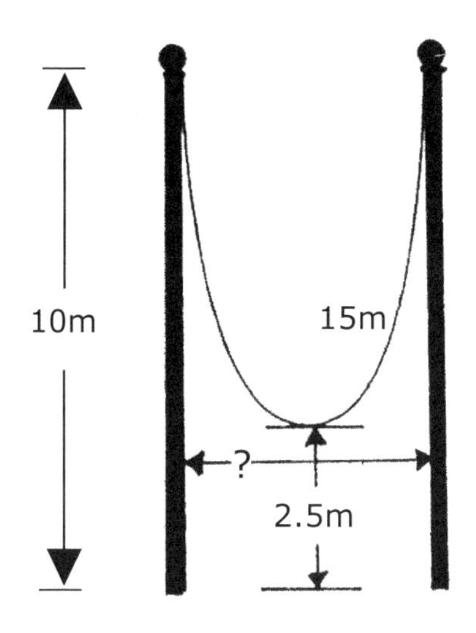

【해답】 두 개의 깃대는 사이를 두지 않고 나란히 세워져 있다.

더 이상의 설명이 필요 없겠죠?

Q138. 십자가

그림의 정사각형을 4등분하여 그 조각들을 짜 맞추어 십자가를 만들려고 한다. 어떻게 자르면 좋을까?

【해답】 그림과 같다.

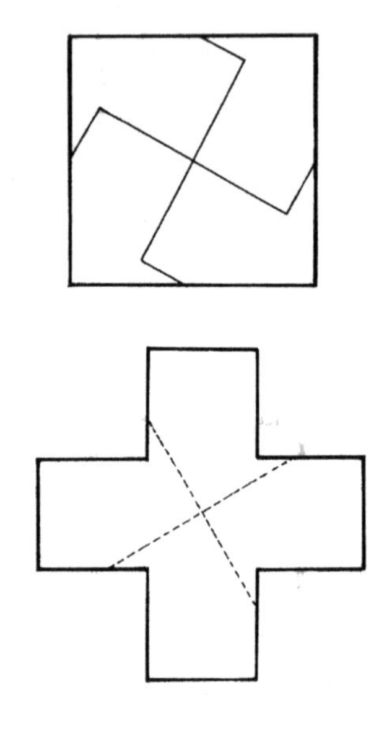

Q139. 기차놀이

아래의 그림과 같은 선로에 기관차 1대와 화차 2량이 서 있다.

그러나 Y 측선은 선로 길이가 짧아서 기관차나 화차가 각 1량밖에 들어가지 못한다. 기관차가 정지할 때마다 〈움직임〉의 횟수가 기록된다고 가정하자. 자, 그러면 기관차가 화차 A와 B의 위치를 서로 바꾸어 놓은 다음 원래 위치에 원래의 방향으로 되돌아가기까지 최소한 몇 번의 〈움직임〉이 필요할까?

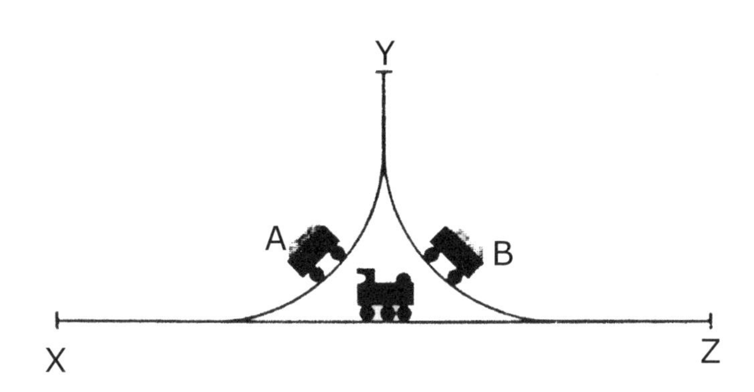

【해답】 17회

(1) 기관차가 화차 B의 위치로 가서 연결한다. (2회)

(2) 기관차가 최초의 위치로 되돌아가서 화차 B를 떼어낸다. (2회)

(3) 기관차는 측선 Z를 지나서 측선 Y로 간다. (2회)

(4) 기관차는 화차 A를 측선 X로 밀어 놓는다. 또 화차 B를 Z로 밀어 놓는다. 그리고 기관차는 단독으로 측선 Y로 간다. (3회)

(5) 기관차는 측선 X에서 화차 A를 연결하여 측선 Z를 지나 화차 A를 최종 목적지로 가게 해서 떼어 놓는다, (3회)

(6) 기관차는 측선 Z에서 화차 B를 연결하여 측선 X를 지나 화차 B를 최종목적지로 가져가 떼어 놓는다. (3회)

(7) 기관차는 최초의 위치로 돌아간다. (2회)

기관차가 후진을 했다가 다시 전진을 하게 되면 일단 멈춰야 되겠죠.

Q140. 풀장의 길이는?

풀장에서 두 명의 소년이 수영시합을 겨루고 있다.

그러나 그들은 나란히 출발하지 않고 풀장의 양쪽—깊은 쪽과 얕은 쪽—에서 서로 마주보고 "준비 땅?" 하는 신호와 함께 풀 속으로 뛰어들었던 것이다.

물론 두 소년의 수영속도는 다르다. 그러나 처음부터 끝까지 두 소년 모두가 일정한 속도로 헤엄쳤다.

그리고 출발을 해서 처음 두 소년이 만난 지점은 수심이 깊은 쪽에서 18.5미터 지점이었다.

편도 수영이 끝난 뒤 두 소년은 각기 45초 동안 휴식을 취하고 나서 다시 풀 속으로 뛰어들어 이번에는 왕복 수영을 하기 시작했다. 그리고 그들은 돌아오는 길에 얕은 쪽 끝에서부터 10.5미터 되는 지점에서 다시 만났다.

자, 그렇다면 이 풀의 길이는 얼마일까?

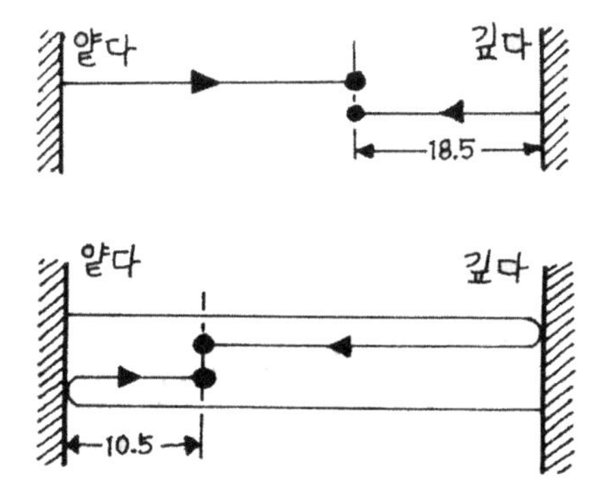

【해답】 45m.

처음 두 소년이 만날 때 두 소년이 헤엄친 거리의 합은 풀의 길이와 같다.

그리고 두 번째 왕복 수영에서 돌아올 때 만날 때까지 두 소년이 출발부터 헤엄친 거리는 풀 길이의 3배이다.

두 소년은 각기 일정한 속도로 수영했기 때문에 두 번째 만났을 때의 총 수영거리는 처음 만난 거리의 3배라는 것은 분명하다.

깊은 쪽 끝에서 출발한 소년이 첫번째 만났을 때에는 헤엄친 거리가 18.5미터이므로 두 번째로 만날 때까지의 거리는,

$3 \times 18.5m = 55.5m$이다.

그림에서 알 수 있듯이, 이 거리는 풀의 길이에 10.5미터를 더한 길이이다. 따라서 풀의 길이는,

$55.5m - 10.5m = 45m$가 된다.

휴식시간은 이 문제에 있어서 아무런 의미가 없다.

Q141. 섬까지의 거리는?

육지인 A지점에서 멀리 바라다 보이는 섬의 B 지점까지의 직선 거리를 급히 알 필요가 생겼다.

물론 긴 줄자를 가지고 직접 건너가며 잴 수는 없는 상황이므로 당신의 아이디어를 듣고 싶군요.

【해답】

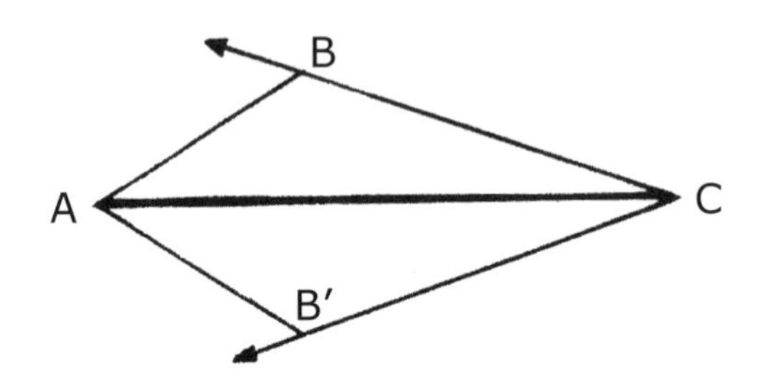

(1) 해안을 따라 적당한 지점 C를 잡는다.

(2) A와 C 두 지점에서 B 지점을 보고 AC를 밑변으로 하는 직선 AB의 각도(∠BAC)와 직선 CB의 각도(∠BCA)를 잰다.

(3) 또 AC의 반대쪽(육지)에 각각 같은 각도를 만들어 그 직선이 교차하는 점을 B'로 한다.

(4) AB의 길이는 A 지점에서 B 지점까지의 거리와 같다. 따라서 AB의 거리를 구할 수 있다.

이 문제를 풀 수 있는 사람은 BC 500여 년쯤 그리스의 철학자이며 기하학자이고 또한 천문학자인 탈레스의 지혜에 견줄 만하다.

그것은 바로 그가 이 측량법을 발견했기 때문이다. 삼각형의 합동조건을 응용한 것이다.

Q142. 계산하지 말고 풀기

(1) O를 중심으로 한 원이 있다. OC의 길이는 15cm, CE의 길이는 5cm이다.

그러면 AC의 길이는 몇 cm일까? 계산하지 말고 대답해 보자.

(2) 정사각형 OABC와 삼각형 ODE의 넓이는 어느 쪽이 얼마만큼 클까?

이것 또한 계산하지 말고 답해 보자.

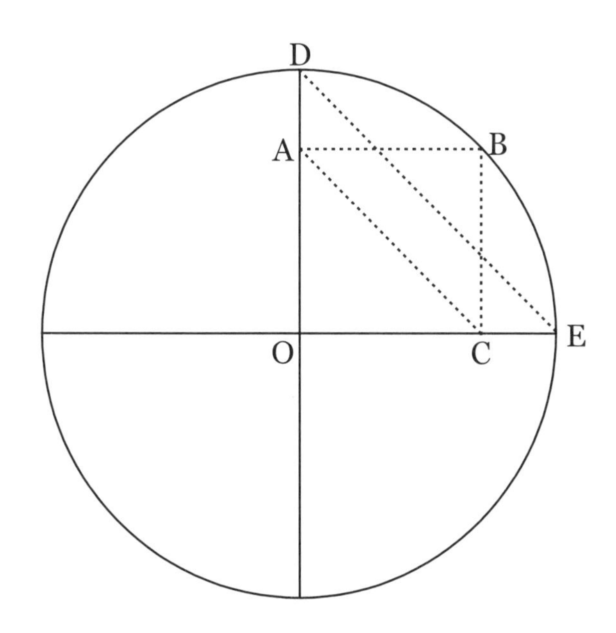

【해답】 (1) 20cm

(2) 같다.

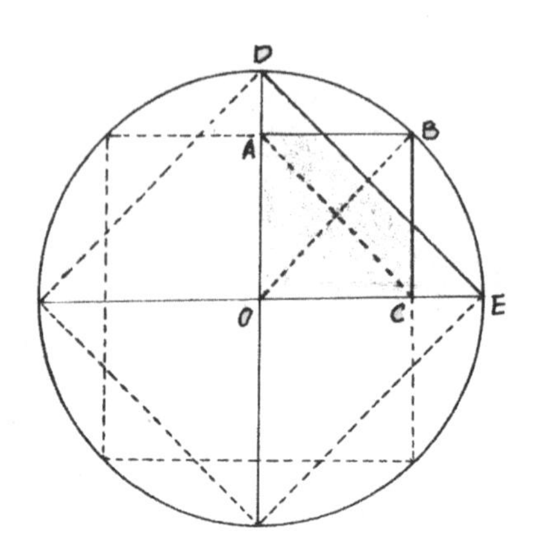

(1)에서 OB의 길이는 반지름이니까 20cm, AC의 길이와 OB의 길이는 대각선이니까 같다. 따라서 AC의 길이는 20cm

(2) 두 개의 도형은 위의 그림처럼 같은 원에 내접하는 정사각형의 4분의 1이다.

창조력이란 「여러 가지 정보를 효과적으로 처리하여 새로운 정보의 조합을 만들어내고 그에 따라 새로운 효용가치를 만들어내는 힘」이라고 말할 수 있다.

따라서 정보(지식)가 풍부할수록 문제 해결은 유리해진다. 그러나 자칫 그 정보(지식)가 지나쳐서 아이디어를 막아버리는 경우가 있다.

말하자면 잘(?) 알기 때문에 불가능하다고 단정해 버리는 것이다. 이 문제의 「장애」도 바로 그런 것이다.

문제에서처럼 「계산해 보지 않고」라는 조건이 붙었으면 "이걸 계산하지 않고 어떻게 푼담?" 하면서 다른 풀이법을 모색해 보려고 노력하지도 않고 마는 것이다.

Q143. 대형 포스터

“아빠, 언젠가 아빠가 제게 주셨던 스위스 철도의 포스터를 기억하고 계시겠죠?” 하고 톰이 말했다. “지금 그것의 한쪽 모서리를 반대편 모서리에 대고 접어 보았더니 접혀진 부분의 길이가 정확히 136cm였어요.”

“아니, 뭐라구? 그렇게 큰 포스터였나?” 하고 아빠가 웃으며 대답했다. “방금 생각났는데, 그것은 선전용 간판에 맞도록 제작된 것으로서 세로는 120cm나 되었었지. 그런데 가로 폭은 얼마였는지 기억이 잘 나지 않는데?”

그렇다면, 이 포스터의 가로의 길이는 과연 얼마일까?

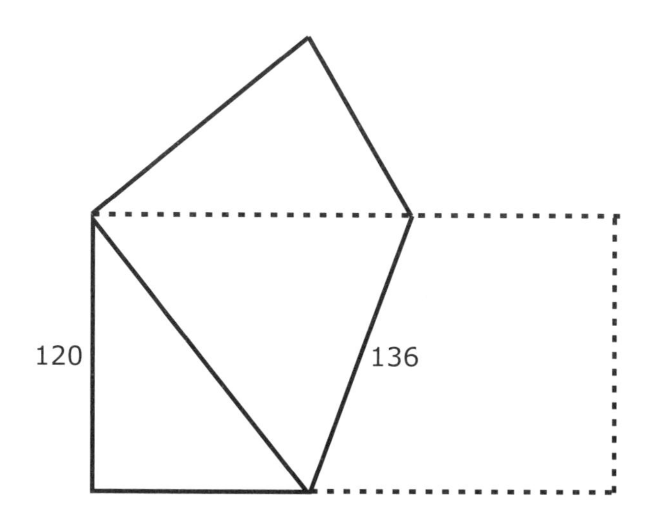

【해답】 2m 25cm

포스터 ABCD의 한쪽 모서리 A를 반대편 모서리 C에 대고 접었을 때의 접혀진 선을 EF라고 하자.

다만 E는 BC 선상의 점이라 하고, F는 AD 선상의 점이라고 하자.

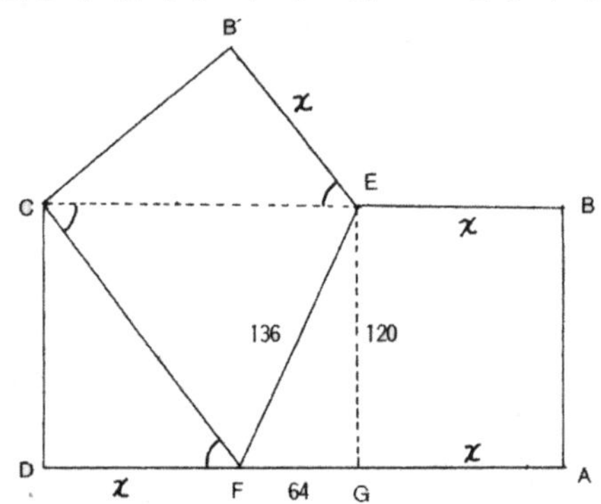

모서리 B의 접혀졌을 때의 점은 B'라고 하고, E에서 AD 선으로 드리운 수직선의 AD 선상의 점을 G라고 하면

EF=136, EG=120이므로 피타고라스의 정리에 의해,

FG= $\sqrt{136^2 - 120^2}$ =64

AG=x로 놓으면, B'E=BE=AG=x

게다가 CF=AF=x+64

또한 △CDF와 △CB'E에 있어서

CD=CB=120 ∠CDF=∠CB'E=90°

∠CFD=∠CEB'(∴CF//B'E)

그러므로 △CDF=△CB'E 따라서 DF=B'E=x가 된다.

$(x+64)^2=x^2+120^2$ $128x=120^2-64^2=10304$

x=80.5 AD=2x+64이므로 AD=225cm→2m 25cm

Q144. 정원의 넓이

톰이 자기의 정원 앞에 서서 말했다.

"여기가 우리 정원이야. 정사각형이고 울타리는 모두 예쁘게 둘러쳐져 있지."

"내가 항상 꿈꾸던 정원도 이런 것이었어." 하고 앤디가 대답했다. "그런데, 넓이는 얼마나 되지?"

"넌 항상 어려운 문제 풀기를 좋아하지?" 톰은 웃으며 말했다. "우리가 지금 서 있는 이 문은 저 바깥쪽 울타리로부터 48미터 되는 곳에 위치하고 있다네. 그리고 우리 맞은편에 있는 저 문은 저쪽 울타리로부터 168미터 되는 곳에 있다네. 만일 저 울타리에 터치하고 저쪽 맞은편 문까지 가려면, 여기서 곧바로 직진하는 경우보다 적어도 48미터는 더 멀리 돌아가는 셈이 된다네(말하자면, 직진해 갈 때가 울타리를 한 번은 거쳐서 가는 최단거리로 가는 때보다 꼭 48미터가 짧아진다)."

그러면 이 정원의 넓이는?

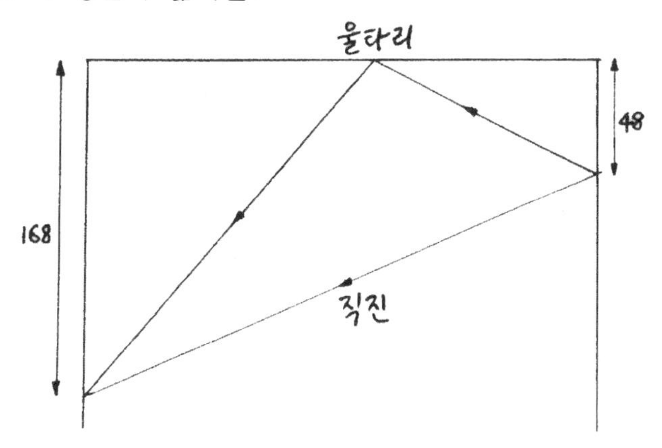

【해답】 82,944m

두 사람이 서 있는 쪽 문의 위치를 A로 하고 반대쪽 문의 위치를 C라고 하자.

울타리 XY 선 위의 점 B에 터치하고 C로 간다고 하자. XY에 대해 A와 대칭이 되는 점은 A'라 하고 A'C와 XY의 교차점을 P라 하면,

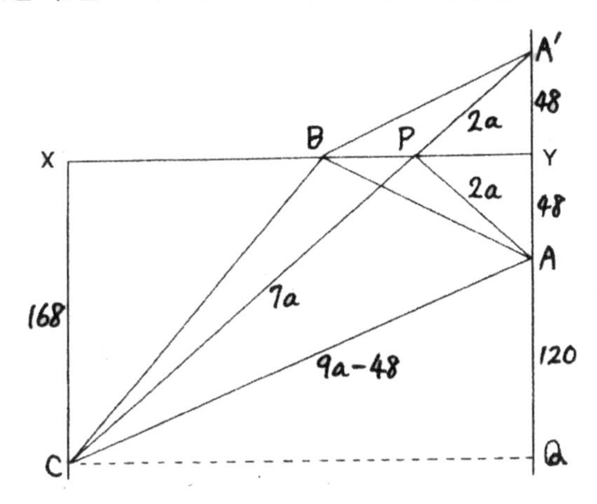

AB+BC=A'B+BC>A'P+PC=AP+PC

즉, P에 터치하였을 때의 거리가 가장 짧다.

△A'PY와 △CPX가 닮은꼴이므로

△APY와 △CPX도 닮은 꼴이다.

$$\frac{AP}{CP}=\frac{AY}{CX}=\frac{48}{168}=\frac{2}{7}$$

AP=2a, CP=7a, AC=7a+2a-48이니까

$A'C^2-A'Q^2 \rightarrow (9a)^2-(48+168)^2=(9a-48)^2-120^2$

이것을 풀면,

a=40, 9a=360

$XY^2=360^2-216^2=82,944$

정원은 정사각형이므로 XY^2이 바로 정원의 넓이다.

Q145. 동물농장

어떤 농장주가 1,000 달러를 지불하고 백 마리의 소와 양, 돼지를 샀다. 소는 한 마리에 100달러, 양은 한 마리에 30달러, 돼지는 한 마리에 5달러이다. 그는 각기 몇 마리씩 샀을까?

【해답】 소 : 5마리, 양 : 1마리, 돼지 : 94마리

다음과 같이 식을 만들 수 있다.

그러나 두 식에서 미지수가 세 개이므로 얼마간의 시행착오가 불가피하다.

소 : x, 양 : y, 돼지 : z

$100x+30y+5z=1000$

$x+y+z=1000$

Q146. 원인과 결과

일반적으로 원인이 앞서 있고 결과가 그 뒤를 따른다면 누구나가 의식하고 있으며, 또한 그것이 통상적인 순서이다. 그러나 때때로 결과가 앞서 있고 원인이 그 뒤를 따르는 경우가 있다. 공원이나 거리에서 종종 볼 수가 있다.

그것은 어떤 광경일까?

*이 문제는 수학적인 문제는 아니다. 다만 재미있는 현상으로 머리를 좀 식히기 위해서 출제했다.

【해답】 아기가 탄 유모차를 밀고 가는 어머니

결과인 아기가 앞서고, 그 원인이 되는 어머니가 뒤에서 밀고 가는 흐뭇한 광경이다.

Q147. 이상한 클럽

런던에는 아주 오래된 한 개의 클럽이 있다. 그 이름은 거의 알려져 있지 않지만, 그 클럽의 회원이 되기 위해서는 클럽 창설 당시부터 시행해 온 아주 기이한 시험을 치러야 한다.

그 시험이라는 것이, 크기도 무게도 똑같은 붉은 구슬과 파란 구슬을 각 50개씩 잘 섞어서 두 개의 같은 상자에다 임의로 나누어 담아 봉인을 해둔다. (양쪽 상자에 개수에 관계없이 나누어 넣어둔다)

지원자는 눈가리개를 하고, 두 개의 상자 중 어느 하나를 선택해서 뚜껑을 열어 속에 있는 구슬 한 개를 손으로 더듬어 꺼내는 것이다. 꺼낸 구슬이 붉은 구슬이면 그 지원자의 입회는 즉각 허용된다. 그러나 그것이 파란 것이면 회원이 될 수가 없다.

그런데 이 클럽의 사무국장이라는 자는 겉으로는 신사같이 보이지만, 공정해야 할 선발 절차에 이따금씩 잔재주를 부리는 속물근성을 가진 사람이다.

그는 100개의 구슬을 두 개의 상자에 나누어 넣을 때, 사전에 어떤 조작을 가함으로써 그의 마음에 드는 지원자가 합격할 수 있는 확률을 최대로 높이고, 반면에 마음에 들지 않는 지원자의 합격할 수 있는 확률을 최저로 낮추는 방법을 발견했던 것이다.

자, 그렇다면 과연 이 사무국장의 잔재주는? 그리고 조작한 경우의 각각의 확률은?

【해답】

사무국장의 잔재주는 다음과 같다.

사무국장의 마음에 드는 지원자일 경우 제1의 상자에 붉은 구슬 1개만을, 제2 상자에 나머지 99개를 넣어두는 것이다.

지원자가 제1의 상자를 열어 구슬을 꺼낼 경우 붉은 구슬의 확률은 100퍼센트다. 제2 상자를 열고 구슬을 꺼낼 경우 붉은 구슬일 확률은 99분의 49이다.

지원자가 어느 쪽의 상자를 여는가의 확률은 반반이므로 붉은 구슬의 확률은,

$$\frac{1}{2}\times\left(\frac{1}{1}+\frac{49}{99}\right)=\frac{74}{99}\fallingdotseq 74.7\%$$

따라서 74.7%가 됩니다.

반대로 사무국장의 마음에 들지 않는 지원자일 경우에는,

제1의 상자에 파란 구슬 1개, 제2의 상자에 나머지 99개를 넣는다. 이럴 경우 붉은 구슬의 확률은

$$\frac{1}{2}\times\left(0+\frac{50}{99}\right)\fallingdotseq 25.3\%$$

25.3%가 된다.

Q148. 사라진 1달러

세 사나이가 호텔에 들어갔다. 호텔 주인이 하룻밤에 30달러짜리 객실이 비어 있다고 했다. 그래서 세 사람은 각기 10달러씩 내고 하룻밤을 묵었다.

이튿날 아침, 호텔 주인은 객실료가 잘못 계산되었음을 깨닫고 25달러만 내면 되는 것을 30달러를 받았으므로 더 받은 돈 5달러를 돌려주라고 급사에게 건네주었다. 그런데 이 급사는 "5달러를 셋으로 똑같이 나눌 수는 없지." 하고 생각하고 2달러를 슬쩍 자기 호주머니에 챙긴 다음 세 사나이에게 1달러씩만 돌려주었다.

자, 그럼 차근차근 정리해 보자.

세 사나이는 각기 10달러씩 객실료를 물었다가 1달러씩 되돌려 받았으므로 결국 9달러씩 낸 셈이 되는 것이므로 합하면 27달러, 거기다가 급사가 슬쩍한 2달러를 합하면 29달러, 그렇다면 도대체 1달러는 어디로 갔을까?

【해답】 1달러가 사라진 것이 아니라, 계산이 잘못 되었다.

호텔 객실료는 27달러에서 2달러를 뺀 25달러. 27달러에 2달러를 합해서 29달러로 해버린 것이 엉뚱한 답을 내게 한 원인이다.

문제에서 "정리해 보자." 하는 대목에서, 세 사나이가 10달러씩 객실료를 지불했다가 1달러씩 되돌려 받았으므로 9달러씩 낸 셈이 된다. 따라서 합하면 27달러. 거기다 급사가 슬쩍한 2달러를 더하면 29달러.

바로 이 대목이 잘못된 것이다.

27달러라는 액수는 호텔 주인이 받은 25달러와 급사가 가로챈 2달러의 합계금이다. 그러므로 27달러에다 2달러를 보태는 것은 중복인 것이다.

제대로 역산한다면

급사가 가진 돈 2달러에다가 사나이들이 돌려받은 3달러, 거기다 호텔에서 객실료로 받은 25달러, 합해서 30달러, 이렇게 되어야 제대로 되는 것이다.

그러므로 이 문제의 풀이는 문제의 출제 중에서 잘못 계산된 부분을 지적하는 게 정답이다.

Q149. 100을 만드는 베리에이션

숫자의 차례를 바꾸지 않고, 될 수 있는 한 기호를 많이 쓰지 않으면서 다음의 등식을 성립하도록 하라.

(물론 같지 않다(≠)고 해버린다면 간단하지만 그래서는 재미가 없다.)

1 2 3 4 5 6 7 8 9 10=100

【해답】

$$1+(2\times3)+(4\times5)-6+7+(8\times9)=100$$

$$(1\times2)+34+56+7-8+9=100$$

$$123-45-67+89=100$$

$$123+45-67+8-9=100$$

이 밖에도 두세 가지 방법이 있을 것이다.

Q150. 어느 부자의 유언

중동의 한 부자가 열일곱 마리의 낙타를 남기고 죽었다. 유언에는 세 아들에게 낙타를 다음과 같이 분배하도록 되어 있었다.

큰아들에게 전체 낙타의 2분의 1을,

둘째아들에게 3분의 1을,

셋째아들에게 9분의 1을,

세 아들은 어떻게 낙타를 나누면 좋을까 하고 궁리를 했으나 좀처럼 좋은 생각이 떠오르지 않았다. 그런데 마침 그때 낙타를 탄 노인이 그곳을 지나가다가 그들의 이야기를 듣고는 당장 열일곱 마리의 낙타를 세 아들이 전부 만족하게 잘 분배했다. 그러고 나서 노인은 유유히 사라져 갔다. 노인은 과연 어떻게 분배했을까?

【해답】 큰아들 9마리
둘째아들 6마리
셋째아들 2마리

현인은 자신이 타고 온 낙타를 보태서 18마리로 만들었다. 그래서,

$18 \times \frac{1}{2} = 9$

$18 \times \frac{1}{3} = 6$

$18 \times \frac{1}{9} = 2$

그러나 합계는 9+6+2=17

현인은 돌려받은 자기 낙타를 타고 유유히 떠나갔다.

Q151. 성냥개비 트릭

❶

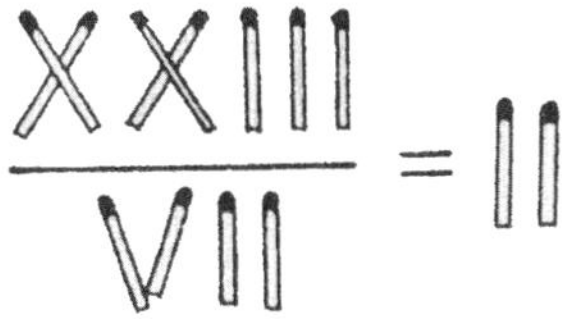

$$\frac{XXIII}{VII} = II$$

❷

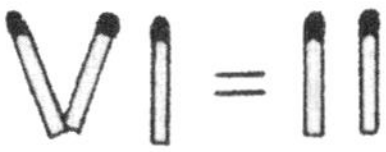

$$VI = II$$

❸

IIII

❹

❶, ❷ 성냥개비 한 개만 움직여서 다음의 계산을 바로잡아 보라.

❸ 성냥개비 네 개를 사용해서 24를 만들어 보라. 단, 성냥개비 한 개는 한 번만 부러뜨릴 수 있다.

❹ 성냥개비 2개를 움직여서 정사각형 네 개를 만드는데, 그 중의 하나는 다른 세 개보다 크게 하라.

【해답】 그림과 같다.

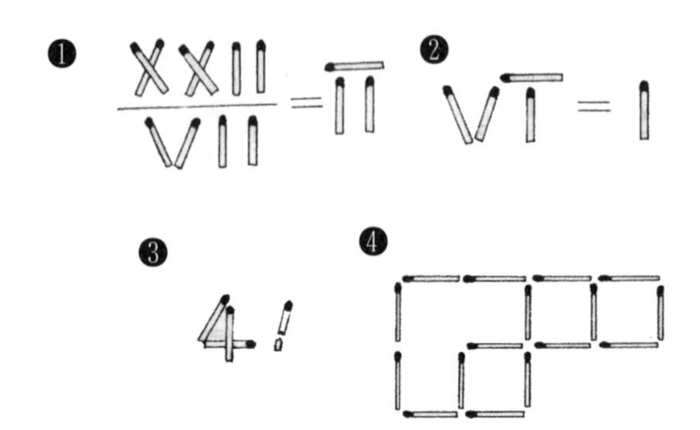

❶ 은 알다시피 원주율을 나타내는 근사치이다.

❷ 는 $\sqrt{1}$은 역시 1이다.

❸ 은 4!(팩토리얼)=4×3×2×1=24

❹ 는 그림과 같다.

Q152. X는?

미지수 X의 답을 구하라.

$$\sqrt{X+\sqrt{X+\sqrt{X+\sqrt{X\cdots\cdots}}}} = 2$$

【해답】 2

양쪽을 제곱해 봅시다.

$$X+\sqrt{X+\sqrt{X+\sqrt{X\cdots\cdots}}} = 4$$

문제에 나타나 있는 식에 의해서

$$\sqrt{X+\sqrt{X+\sqrt{X\cdots\cdots}}} = 2$$ 이므로

앞의 식에 대입하면

$$X + 2 = 4$$

따라서

$$X = 2$$

Q153. 체인스모커

한 넝마주이는 다섯 개의 꽁초를 가지고 한 개비의 담배를 만든다. 오늘은 25개의 꽁초가 모아졌다. 그러면 몇 개비의 담배를 만들 수 있을까?

【해답】 6개비

25개의 꽁초로 먼저 5개비의 담배를 만들고, 그 다섯 개비를 피워 또 한 개비가 만들어진다.

Q154. 맹물로 가는 자동차

자동차의 연비를 획기적으로 높일 수 있는 연료 분사장치 3가지가 발명되었다. 그 발명품의 설명에 따르면 휘발유의 소비량을 종전보다 25%, 30%, 45% 절약할 수 있다는 것이다.

그렇다면 만일 한 대의 차에다 이 세 가지 발명품을 모두 채택할 수 있다면 연료를 100%(25%+30%+45%) 절약할 수 있을까? 물론 그럴 수는 없겠죠.

그러면 발명품이 각기 그 내용 그대로의 효과가 있고, 게다가 상호작용 없이 독립된 효과를 나타냈다면 세 가지 연료분사장치를 합쳤을 때 연료의 절약율은 몇 퍼센트일까?

【해답】 71.125%

절약율=100%-(100%-25%)×(100%-30%)×(100%-45%)

=100%-(75%×70%×55%)

=71.125%

Q155. 사과

톰과 메리는 각기 몇 개의 사과를 가지고 있다. 톰이 메리에게 한 개를 주면 둘이 가지고 있는 사과의 수는 똑같아진다. 반대로 메리가 톰에게 한 개를 주면 톰은 메리의 두 배의 사과를 갖게 된다. 두 사람은 몇 개의 사과를 가지고 있는 걸까?

【해답】 톰 : 7개, 메리 : 5개

식을 만들면 다음과 같다.

톰 : x, 메리 : y라고 하면

$x-1=y+1$

$x+1=2(y-1)$

두 식에서 $x=7$, $y=5$

Q156. 빚

A, B, C, D, E, F 6명의 친구가 있다. 그런데 A는 B에게 2천 원을 빚지고 있고, B는 C에게 3천 원, C는 D에게 2천 원, D는 E에게 2천 원, E는 F에게 3천 원, F는 A에게 2천원을 각각 빚지고 있다.

또 A는 C에게 3천 원을 빚지고 있고, C는 E에게 4천 원, E는 A에게 3천 원을 빚지고 있다. 그리고 B는 D에게 3천 원을 빚지고 있다. D는 F에게 3천 원을, F는 B에게 4천 원을 빚지고 있다.

자, 이렇게 얽히고설킨 채권채무 관계를 가장 간단하게 정산하는 방법을 연구해 보자.

【해답】 플러스 마이너스 제로

여섯 사람이 이리저리 계산하고 나면 주고받을 것이 없어진다.

예를 든다면, A가 받아야 할 돈의 합계는 F에게서 2천원과 E에게서 3천 원, 합쳐서 5천 원이고, 반면에 A가 갚아야 할 돈의 합계는 B에게 2천 원, C에게 3천 원 합해서 5천 원이므로 서로 계산하고 나면 플러스 마이너스 제로가 된다.

이와 같이 각 사람을 계산하면 주고받고 해서 제로가 된다.

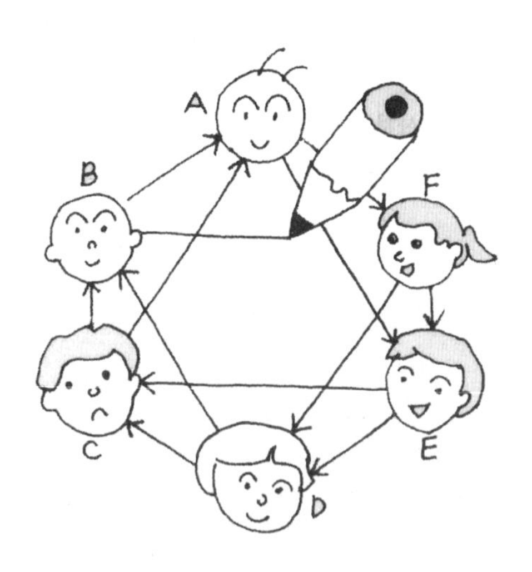

Q157. 신입사원 채용

어떤 회사에서 신입사원을 채용하는데, 면접을 보기 위해서 회의실에 12명의 지원자가 대기하고 있었다.

시험관이 나타나 지원자들에게 한 가지 문제를 냈다.

12명의 지원자를 정렬시켜 어느 열이나 4명씩 6줄로 만들어 보라는 것이었다.

이 문제는 어느 회사의 채용시험에 실제로 출제되었던 문제 가운데 하나였다.

자, 그러면 당신이 지원자라고 생각하고, 과연 합격할 수 있을는지?

【해답】 그림과 같다.

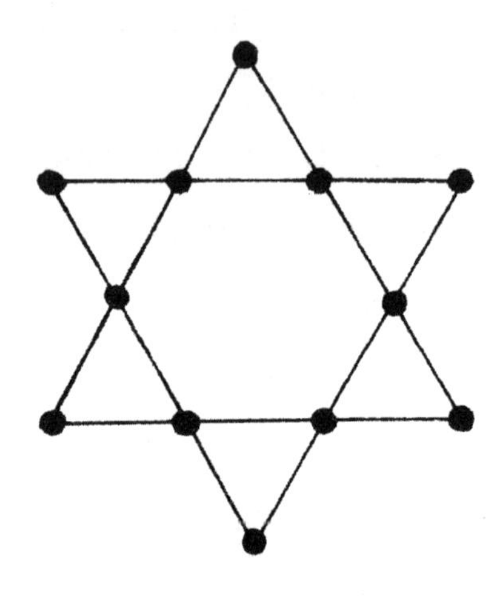

Q158. 밤새 짖는 개

이웃집에서 스피츠 한 마리를 기르고 있는데, 늘 짖어대는 바람에 동네 사람들이 시달림을 받고 있었다.

어느 날 밤, 누군가 지나가자 이 스피츠는 곧바로 짖어대기 시작했는데 시계로 재어 보니, 꼬박 40분 동안을 짖어대는 것이었다. 우리는 그만 질려버렸다.

그런데 한 사람이 지나갈 때마다 40분씩 짖는다면 비율로 따져서 이 스피츠를 밤새도록 짖게 하려면 최소한 몇 사람의 통행인이 필요할까?

단 밤새도록이라는 시간은 편의상 10시간으로 한다.

*이 문제는 유머가 있는 산수문제로 생각하고 풀어주기 바란다.

【해답】 1명

10시간이면 분으로 고치면 600분,

600÷40=15

따라서 15명이라고 대답하기가 쉽다. 그러나 그것은 숫자의 계산상 그럴 뿐이다. 정답은 1명이다.

물음에서 최소한의 사람 수를 말했으므로 같은 사람이 시간에 맞춰 왔다 갔다 할 수 있으므로 최소한으로 하자면 1명이 된다.

Q159. 이는 모두 몇 개?

웅이 어머니는 귀여운 아기를 낳았다. 웅이는 동생이 생겨 기뻤다.

담당의사는 아기를 진찰하고 난 뒤 이가 없는 아기를 보고 이상해 하는 웅이를 보고 사람은 태어나서 8개월이 되면 젖니가 나기 시작한다고 말해 주었다. 처음에 아래쪽으로 앞니가 두 개 하얗게 내밀고, 다음에 윗니 두 개, 이렇게 해서 젖니는 매달 두 개씩 돋아난다는 것이었다.

의사선생님의 얘기를 듣고 철이는 생각에 잠겼다. 그리고는 고개를 갸우뚱하는 것이었다.

자, 그러면 동생의 이가 나오기 시작하면서부터 1년 4개월 후에는 모두 몇 개의 이가 날까?

【해답】 20개

매달 2개씩 나니까 1년 4개월이면 2×16=32개라고 대답한다면 그것은 엉터리다.

젖니는 모두 합해서 20개가 난다.

32개는 영구치이다.

Q160. 연쇄(連鎖)의 일부

다음 식의 답을 찾아 주십시오.

……………(X—2)=?

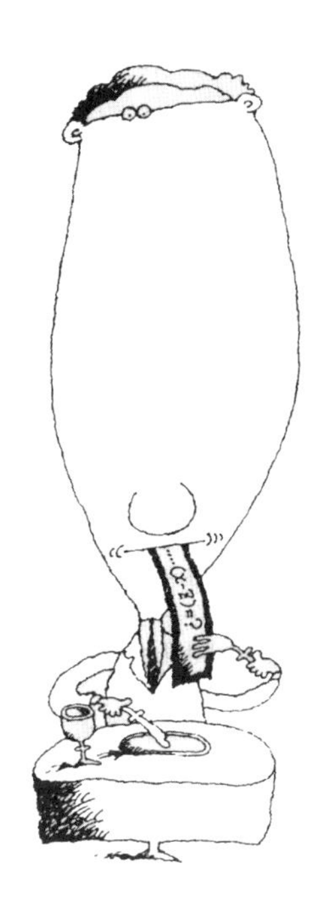

【해답】 0(제로)

식 속에서 앞쪽으로 거슬러 올라가면$(x-z)(x-y)(x-x)\cdots\cdots$

$x-x=0$ 따라서 식의 답은 0이 된다.

지혜로운 자는 작은 돌을 어디에 감추는가?

바닷가에.

지혜로운 자는 나뭇잎을 어디에 감추는가?

숲속에.

이것은 명탐정 브라운 신부의 어떤 이야기 가운데 유명한 대화다. 이 말에는 문제를 푸는 요령이 숨겨져 있는 것 같다.

출제자가 지혜로운 이라면 풀이하는 이도 지혜로운 이의 사고를 웃돌지 않으면 안 되는 것이다.

예를 들면 이 x를 포함한 식의 답을 구하는 문제를 접해서, 문제 치고는 너무나 어렵다고 마침내는 생각해 버리지나 않을까?

그렇다. 출제자는 아무리 난해하게 보이는 문제라도 그 속에 슬쩍 해답의 실마리를 숨기고 있는 것이다.

식이 길고 복잡해 보이는 「……」 거기에 감추어져 있는 실마리를 발견해 내는 것이다. 하나하나 차근차근 실타래를 풀어 나가는 가운데$(x-x)$까지 오게 된다.

그렇다! $(x-x)$는 0(제로)이므로 식의 다른 부분이 아무리 복잡하더라도 답은 0밖에 될 수가 없는 것이다.

Q161. 동물원 구경

신사 : "이 동물원에는 새와 짐승이 각기 몇 마리씩 있습니까?"

사육사 : "머리가 30개에 다리가 백 개 있습니다."

신사 : "흠, 알겠군요."

사육사 : "당신은 정말 현명하시군요."

이 두 사람의 대화에서 새와 짐승이 각각 몇 마리씩인지 알 수 있을까?

【해답】 새 : 10마리, 짐승 : 20마리

수식으로 풀면 다음과 같다.

짐승을 x, 새를 y로 나타내면

$x+y=30$………(1)

$4x+2y=100$……(2)

(1)번 식에다 양쪽에 2를 곱하면

$2x+2y=60$

(2)의 식에서 (1)의 식을 빼면

$2x=40$

따라서 $x=20$, $y=10$

Q162. 낚시

어느 버스회사에서는 승객이 길이 2미터가 넘는 물건을 가지고 탈 수 없도록 규칙을 정해 놓고 있다.

당신이 만일 2미터 50센티의 낚싯대를 가지고 버스에 타야만 될 입장이라면 규칙을 어기지 않고 낚싯대를 가지고 버스에 타려면 어떻게 하면 좋을까? 단, 낚싯대를 꺾어 접는다면 구태여 가지고 탈 필요가 없겠지요.

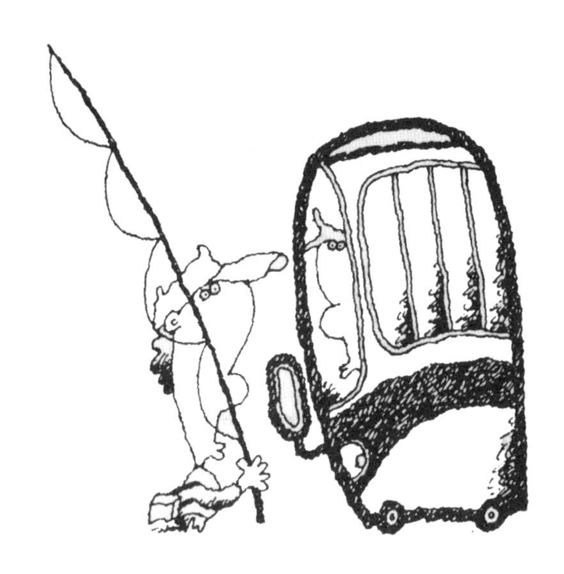

【해답】 그림과 같은 포장을 만들면 됩니다.

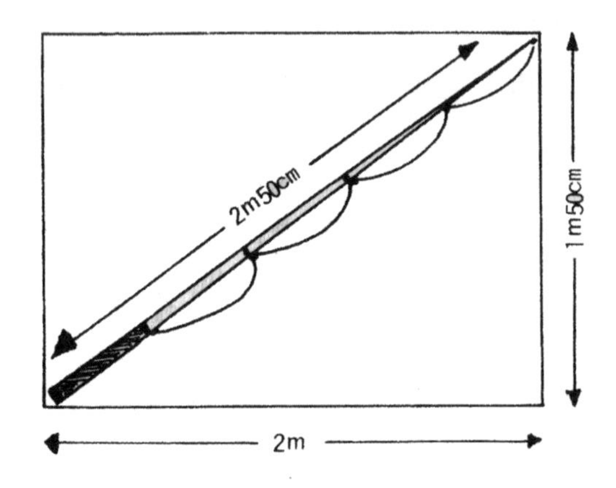

Q163. 투시도

제도(製圖)에 대한 지식을 이용한 문제를 소개한다. 이러한 제도에서의 점선과 실선의 사용법에 대한 설명은 도해(圖解)한 편이 알기가 쉽다. 같은 물체를 세 방향에서 본 그림이 하나씩 있고 투시에 의한 그림이 하나 있다.

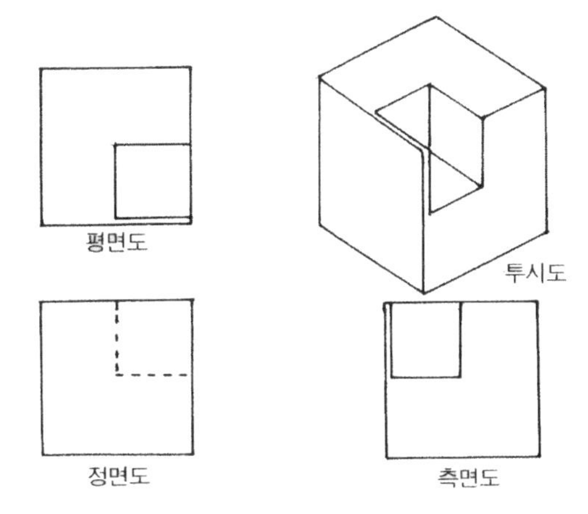

그런데 여기에 다른 물체를 두 방향에서 본 그림이 있다.
측면도와 투시도는 어떤 형태일까?

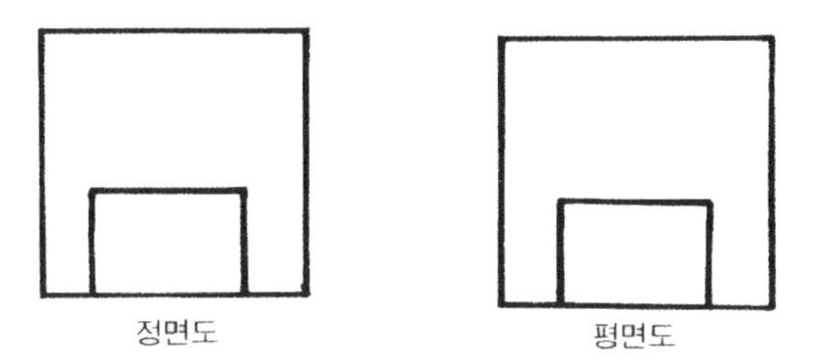

【해답】 그림과 같다.

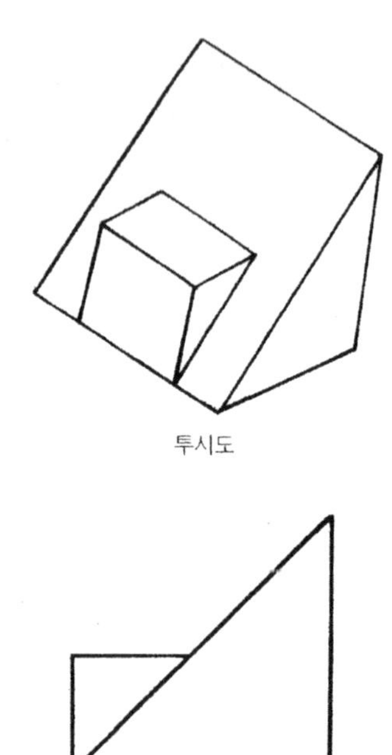

투시도

측면도

Q164. 거짓말인가, 참말인가?

한 나그네가 길을 가다가 갈림길에 다다랐으나, 이정표도 없고 어느 길로 가야 목적지에 도달할지를 몰라 난처해하고 있다.

그런데 갈림길 길목에 두 사나이가 서 있었다. 그런데 한 사람은 반드시 거짓말을 하고, 또 한 사람은 반드시 진실을 말한다.

나그네는 어느 쪽이 진실을 말하고 있는지 알지를 못한다. 그런데 나그네는 두 사나이 중 어느 한 사람에게 한 번만의 질문밖에 할 수가 없다.

그렇다면 도대체 어느 쪽 사나이에게 무어라고 물으면 좋을까?

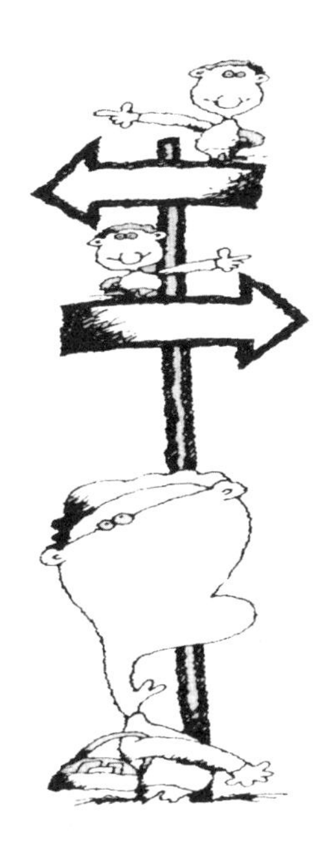

【해답】 "만일 당신에게 '내가 가야 할 길은 이 길입니까?'라고 묻는다면 당신은 '네.' 하고 말하시겠습니까?"

어느 사나이건 간에 상관없이 나그네는 이렇게 묻는다.

"만일 당신에게 '내가 가야 할 길은 이 길입니까?'라고 묻는다면 당신은 '네.' 하고 말하시겠습니까?"

나그네가 물은 사나이가 진실을 말하는 사람이라면 대답에 따라서 길을 가면 될 것이다. 만일 그 사나이가 거짓말만 하는 사람이라도 마찬가지다. 거짓말쟁이 사나이는 거짓말을 두 번 해야만 되며, 처음 거짓말을 부정함으로써 사실을 말해버리고 마는 것이다.

단 한 번의 질문으로는 얼핏 "물은 상대가 거짓말쟁이인가, 정직한 사람인가?" "선택한 길이 정말 옳은가?" 하는 것을 알 수 있는 방법은 없는 것처럼 생각된다.

두 사나이 중 어느 사나이가 거짓말쟁이인지 아닌지를 아는 것만으로도 유일한 질문권을 사용해 버린 셈이 되어 더 이상 질문을 할 수 없게 된다면?

틀림없이 그렇게 보이지만, 질문하는 상대가 어느 쪽이든 상관없는 질문 방법은 없을까?—여기에까지 생각이 미친다면 이중부정(二重否定, 때에 따라서는 이중긍정)—의 질문 방법으로 진실을 캐낼 수가 있다는 것을 알게 된다.

"만일 내가 당신에게 '내가 가야 할 길은 이 길인가?' 하고 묻는다면 당신은 '네'라고 대답하겠습니까?"

어느 쪽 사나이에게 물어도 상관없다는 것을 알게 되겠죠.

수학적으로 푼다면, 긍정을 +, 부정을 —로 합니다. 이중긍정은, (+)(+)=+ 이중부정은, (—)(—)=+ 따라서 이중긍정이나 이중부정은 모두 긍정이다.

Q165. 4를 곱하면?

다음의 알파벳에 4를 곱해서 계산이 맞도록 하라. 딱 들어맞는 숫자는 한 가지뿐이다. 같은 문자는 같은 수를 나타낸다.

단 맨 앞자리 수는 0이 아니다.

【해답】

$$\begin{array}{r} 21978 \\ \times \quad 4 \\ \hline 87912 \end{array}$$

실마리는 과연 어디에 있는가? 이 문제는 논리의 미학(美學)이라는 것을 명확히 보여주고 있다. 차례로 설명해 가 보자.

(1) 먼저 A×4가 한자리수로밖에 되지 않는다는 데서 A는 1아니면 2라고 판단한다.

(2) 그런데 어떤 수라도 4를 곱하면 짝수가 된다. E×4가 A이므로 A는 2다.

(3) 4를 곱해서 끝자리가 2가 되는 수는 3과 8, E는 그 중 어느 쪽이다.

(4) 4×A는 3일 수는 없으므로 E는 8이 된다.

(5) 8×4=32로 3이 윗자리로 올라가니까 답 부분에서 보태지게 된다. 한편 B×4는 E가 8이므로 한자리수, 즉 B는 1이든가 2가 되는 것이다. 그런데 A가 2므로 B는 1.

(6) D는? 4를 곱해서 3을 합하면 1로 끝나는 수가 되는 것은 끝수가 8이 되는 2와 7이다. 그러므로 D는 7이다.

(7) 윗자리의 B는 밑에서 올라온 3을 더하지 않으면 7이 되지 않으므로 C 역시 아랫자리에서 올라온 3을 더해 30 이상으로 되는 7, 8, 9중 어느 것이다. 간단히 계산해 보면 9라는 것을 알게 된다.

Q166. 돈을 더 보내라!

이번에는 좀 멋있는 덧셈 문제다.

〈문제 165〉와 마찬가지로 같은 문자는 같은 숫자를 나타내고 있어 딱 들어맞는 수는 한 가지뿐이다.

물론 S나 M은 0이 아니다.

```
  S E N D
+ M O R E
---------
M O N E Y
```

【해답】

$$
\begin{array}{r}
9567 \\
+\,1085 \\
\hline
10652
\end{array}
$$

Q167. 암중모색

세자리수의 곱셈이다. 숫자 3이 5개 있고, 계산식 가운데 명시되어 있다. 빈 칸을 채워보라.

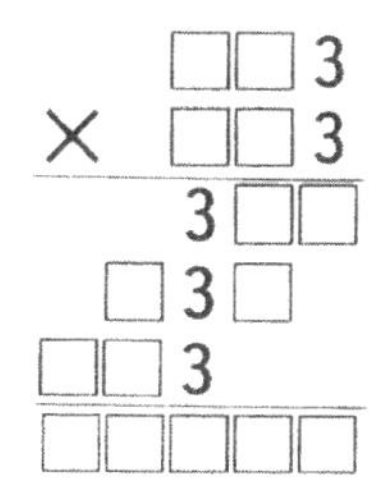

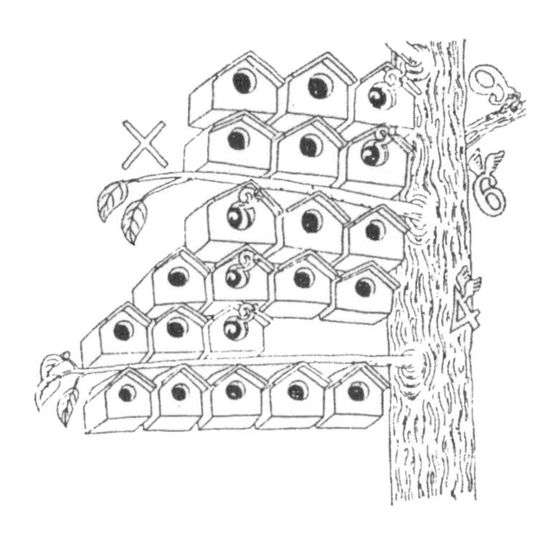

【해답】

```
    1 2 3
  × 1 6 3
  -------
    3 6 9
  7 3 8
1 2 3
---------
2 0 0 4 9
```

Q168. 콩고의 봉고

정말 재미있는 문제다. 콩고는 중앙아프리카에 있는 나라인데 봉고는 라틴아메리카의 악기로서 우리나라의 북과 비슷한 타악기다.

물론 앞자리 수는 0이 아니다.

```
  B O N G O
  B O N G O
  B O N G O
        O N
+     T H E
-----------
  C O N G O
```


BONGO
BONGO
BONGO
ON
+ THE
CONGO

【해답】

$$
\begin{array}{r}
29719 \\
29719 \\
29719 \\
97 \\
+ \quad 465 \\
\hline
89719
\end{array}
$$

Q169. 남자와 여자

정말 재미있는 문제다. □ 속을 채워보라. 물론 맨 윗자리는 0이 아니다.

【해답】

$$
\begin{array}{r}
125 \\
\times\ 753 \\
\hline
375 \\
625 \\
875 \\
\hline
94125
\end{array}
$$

Q170. 원 속의 원

두 개의 원이 A에 접해 있다. B가 바깥 큰 원의 중심이다. 그리고 C와 D 사이의 길이가 9cm, EF가 5cm이다.

그렇다면 두 원의 직경은 각각 얼마인가?

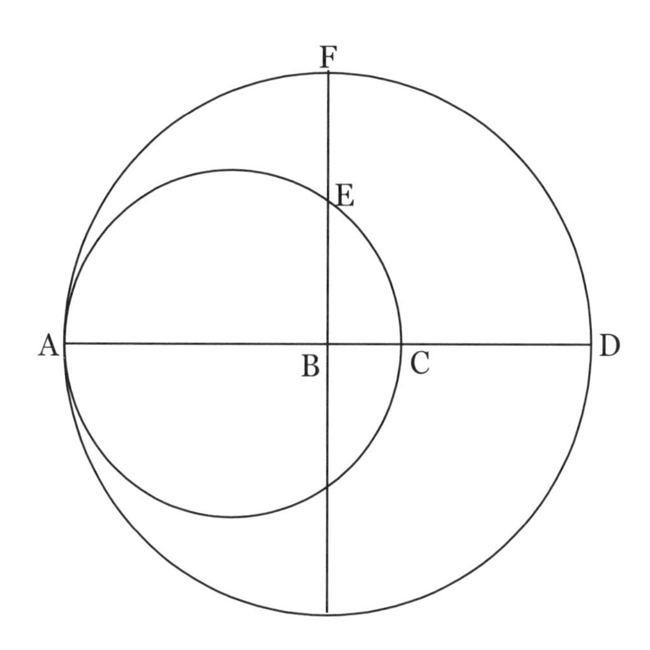

【해답】 큰 원의 지름 : 50cm

작은 원의 지름 : 41cm

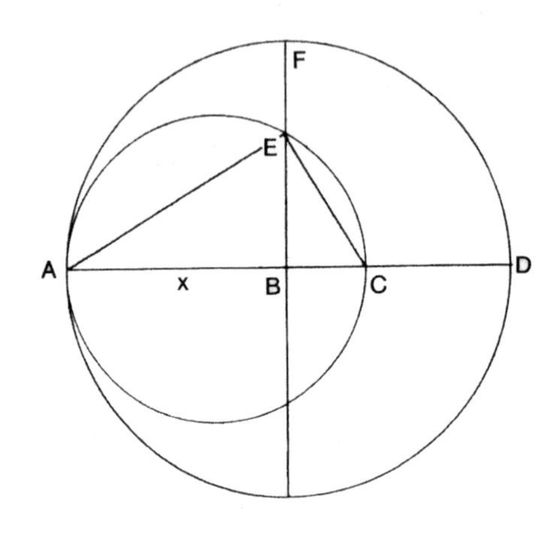

큰 원의 반지름을 x라 하면,

BC는 $x-9$, BE는 $x-5$가 된다.

△ABE, △BCE, △ACE에서 피타고라스의 정리에 의해

$AE^2 = x^2 + (x-5)^2$

$CE^2 = (x-5)^2 + (x-9)^2$

△ACE에서 $AE^2 + CE^2 = AC^2$

$x^2 + (x-5)^2 + (x-5)^2 + (x-9)^2 = \{x + (x-9)\}^2$

위 식을 풀면 $x=25$

따라서 큰 원의 지름은 50cm 작은 원의 지름은 41cm.

재미있는
수학탐험

개정판 인쇄일 / 2022년 10월 12일
개정판 발행일 / 2022년 10월 17일
☆
지은이 / 펠레리만, 제임스 F. 픽스, J. A. 헌터
펴낸이 / 김동구
펴낸데 / ⓦ 明文堂
(창립 1923년 10월 1일)
서울특별시 종로구 윤보선길 61(안국동)
우체국 010579-01-000682
☎ (영업) 733-3039, 734-4798
(편집) 733-4748
fax. 734-9209
e-mail : mmdbook1@hanmail.net
등록 1977. 11. 19. 제 1-148호
☆
ISBN 979-11-91757-56-9 03740
☆
값 20,000원

즐거운

365일 수학

"Mathematics Teacher"

National Council of Teachers of Mathematics
"Mathematics Teacher"

"지혜로운 이는 작은 돌을 어디에 감출까?"

"바닷가에."

"지혜로운 이는 나뭇잎을 어디에 감출까?"

"숲속에."

이것은 명탐정 브라운 신부의 어떤 이야기 가운데 유명한 대화이다. 이 말에는 문제를 푸는 요령이 숨겨져 있는 것 같다. 출제자가 지혜로운 이라면 풀이하는 이도 지혜로운 이의 사고를 웃돌지 않으면 안 된다.

그렇다. 출제자는 아무리 난해하게 보이는 문제라도 그 속에 슬쩍 해답의 실마리를 숨기고 있는 것이다.

세계에서 둘째가라면 서러울 정도의 왕성한 교육열을 가지고 있는 우리나라가 높은 교육열에 비추어 수학교육에는 큰 문제점이 있다. 이를 두고 교수, 일선교사들은 입시 위주의 획일・주입식 교육 탓이라고 분석했다. 평준화된 학생들에게 기껏해야 몇 가지 교재를 선택해 가르치는 획일적 교과 과정, 그것도 대학입시에 전력하지 않을 수 없는 교육 아래서는 진정 창의적인 수학적 사고를 개발할 수 없다는 것이다.

일선 교사들이 가장 가르치기 쉬운 과목이 수학이라고 대답하면서도 가장 성적이 나쁜 과목 또한 수학이라는 사실은 곧 우리나라 수학교육에 문제점이 있다는 반증이 된다.

이러한 수학교육의 제반 문제점을 극복하기 위해서, 합리적이고 효율적인 교과과정으로 논리전개와 사고력 함양을 중시하는 미국 고등학생들의 수학교육 일면을 음미해 보는 것은 바람직한 일이라 하겠다.

NCTM(National Council of Teachers of Mathematics)은 전 미국 수학교사들의 협의체로서 〈Mathematics Teacher〉라는 문제집을 캘린더 형식으로 발간하고 있다.

출제된 문제들은 언뜻 보아 쉬운 듯하면서도 논리적인 사고가 요구되며, 일견 어려운 듯하지만, 치밀한 논리의 전개로 해결할 수 있는 기지가 번뜩이는 문제들로 구성되어 있다.

누구도 풀 수 있지만, 누구나 풀 수는 없다!
초등학생부터 수학박사까지 같이 푼다!
공식을 외워서 푸는 문제는 하나도 없다.

미국의 수학교사들이 정선한 365문제를 매일 한 문제씩 풀어보는 것도 흥미있고 고정관념에서 벗어나 수학적 사고를 마음껏 발휘할 수 있는 절호의 기회가 될 수 있을 것이다.

교과 과정만 높여 놓아 제대로 소화해 내지도 못함으로써 대부분의 학생들이 수학에 염증을 느끼고, 이해도 되지 않는 문제를 단순히 유사 문제의 반복 암기로써 입시에 대비하는 우리의 수학교육에 대해서 많은 것을 생각하게 하는 길잡이가 될 것이다.

언제, 어디서, 어떤 유형의 난제를 만나더라도,

고정관념에서 탈출,
유니크한 발상과
번뜩이는 기지,
자유분방한 사고로

해결의 실마리를 이끌어내는 능력을 키움으로써, 단지 입시만을 위한 수학이 아닌, 창조적인 사고로 오늘의 급변하는 시대를 살아갈 수 있는 지혜로운 학생이 될 것을 바란다.

Fun English trip

퍼즐 영어

320쪽 값 15,000원

Q43. 그림 퍼즐

아래 다섯 장의 그림은 각기 미국에 있는 어떤 주의 이름을 나타낸 것이다. 각기 해당하는 주의 이름을 알아맞혀 보라.

Q 49. 난제(難題)

다음 열거한 말들을 영어로 표현해 보라.

❶ 신랑

❷ 엄처시하

❸ 공처가

❹ 사족(무용지물)

❺ 진퇴양난

❻ 조감도

❼ 책장을 접은 자리

❽ 레미콘, 레미콘의 어원(語源)

❾ 폐하!